鉄道ダイヤがつくれる本

曽根 悟・富井規雄［監修］
高木 亮［著］

はじめに

3つの狙い

列車ダイヤは，鉄道会社にとっての「商品」であるといわれます．その良否は鉄道システムそれ自体の評価の良し悪しに直結するわけで，非常に重要です．

1970年代ころから，東京大学の曽根悟名誉教授（現在．1970年代当時の職名は助教授）とその研究グループは「よい列車ダイヤ」に関する研究を進めてきました．曽根教授は，電気鉄道分野における世界的権威で，列車ダイヤと情報科学を結びつけた最初の研究者の一人です．

いまや，IAROR（International Association of Railway Operations Research，国際鉄道運行学会）といった組織（執筆時点でのトップは富井規雄教授）もあるくらい，列車ダイヤ研究は国内外の多くの情報科学分野の研究者が取り組む大きなテーマの一つになっていますが，曽根教授グループの研究はそのずっと以前からの取組みでした．その成果は，利便性・速達性・輸送力などの抜本的な改良可能性を指摘するもので，誰にでも強い印象を与えるものが多くありました．例えば小池百合子都知事が2016年の都知事選挙で当選した際，選挙公約の一つで耳目を集めた「満員電車ゼロ」というスローガンにも間接的に強い影響を与えています．

曽根教授は2000年に定年で東京大学を去ったのち工学院大学教授に着任しましたが，その後の2006年に同学に着任した筆者が，曽根教授の研究手法や思想を研究グループごとほぼそのままの形で引き継ぎ，現在に至っています．

筆者の見るところ，その手法の特徴の一つは，列車ダイヤの生成を自動化せず，手で行うことにあると思っています．近年の学術的な列車ダイヤ研究の主流からはやや古い方法ですが，研究の見通しの良さなど，いくつか良い点もあります．そもそも，研究室を離れれば，多くの鉄道におけるこの方面の，特に運行計画に関する実務は，いまだ手作業中心の世界なのです．

われわれの研究においては，「現状の」列車ダイヤの悪い点を指摘し，その改善の「思想」を定め，改善ダイヤを作成する，といったことをよく行います．しかし，それで終わりでは単なる独りよがり．そこで，ダイヤの評価手法，特に定量的な評価手法が必要です．定量的とは，例えば「現状ダイヤのスコアは 37.1」「改善ダイヤのスコアは 47.9」，のように数値で列車ダイヤの良否を表すこと．こうすれば，改善ダイヤはこちらの思想（意図）のとおり改善（＝スコアをより大きな値にすること）が達成できている，ということが明瞭に示せる，というわけです．では，その方法は？

その方法の基本的な考え方は第 1 章で説明しますが，かなり簡易なものです．また，列車ダイヤそれ自体のデータ，およびいわゆる「OD 表」の形で表現された「輸送需要」データなどがあれば，おおむね機械的に計算可能なものでもあります．とはいえ，計算はそれなりに面倒な手順を踏まなければなりませんので，われわれはそれをソフトウェアパッケージ化し，研究で使っています．これが「すうじっく」で，本書でも主要なツールとして用いることになります（変わった名前ですが，その由来については 2-1-1 項，31 ページをご参照ください）．本書の第一の狙い，すなわち主な目的は，このプログラムを実際に動かしながら，この列車ダイヤの評価手法について学んでいただくことです．

その詳細は本書のなかで説明しますが，「すうじっく」は極めて簡易なものながらシミュレーションプログラムとしての側面も有します．列車ダイヤが与えられたとき，それぞれの乗客が自らの移動という目的を達成するため，起点駅から目的駅までの間，どのように列車を選択し，利用するか，これが「旅客の行動」です．列車ダイヤを与えただけでは，旅客の行動を定めることはできません．あらかじめ仮定した行動仮説と称するものを用い，シミュレーションにより旅客行動を定め，その結果から評価量（所要時間，混雑，乗換え回数など）を求めるのです．

そこで，本書のもう一つの狙いは，「すうじっく」をシミュレーションモデルとしてみたとき，それがどのような考えのもと，どのように構成されているか，その特長や限界はどんなところにあるのかを，紹介することです．シミュレーションは万能ではなく，どのようなモデルなのか，どういう前提を置いているのかを熟知することなしに，結果として得られる数値だけをみて議論を進めることは危険である，ということ（「数字が一人歩きする」といった言葉がすでに広く知られていることからわかるように，筆者が改めていうまでもないことではあるのですが）を，実感していただければ幸いです．

このように作成された「すうじっく」は，「列車ダイヤを作成」→「すうじっく評価」→「作成されたダイヤを修正」→「再びすうじっく評価」→…というような形で，よりよいダイヤを作り出すための有力なツールとして利用することができます．鉄道会社などに所属し，実際に列車の運行に携わる方々の業務や，われわれ大学人が列車ダイヤ関連の研究などのためにお役に立つことも期待しています．

しかし，そういった方々以外でも，列車ダイヤに一定の興味をお持ちの方であれば，この一連の作業が非常に大きな知的な楽しみを与えてくれるものであることに，すぐお気づきになると思います……いや，すでにご存知かもしれませんね．この知的な楽しみを皆さんと分かち合うのが，本書の最後にして最大の狙いです．

もちろん，プログラムのソースコードは（あまり上出来ではないので，コード作者としては正直お恥ずかしいのですが）公開されておりますので，コードの作例としてご覧いただくこともできるでしょうし，これを起点にさまざまな改良を加えてお使いいただくことも，もちろん可能です．

想定する読者

以上のような狙いをもつ本書は，列車ダイヤ（列車の運行計画）に興味のある方，もしくは業務などでそういったものを扱う機会や知識をおもちの方で，ある程度のコンピュータ（本書ではMicrosoft Windowsが走る，ふつうのパソコンを前提にして記述しました）に関するスキルをおもちの方を想定しています．

列車ダイヤ（ダイヤグラム）に関しては，小中学校の算数・数学で取り上げられることもあります．そのような場で教えられているような知識は，読者諸兄もおもちであることを当然期待しましたが，より専門的な知識や情報はおもちでなくても読めるよう配慮したつもりです．とはいえ，列車ダイヤについて参考文献を併せてお読みいただくのもおすすめです．特に，富井編著　2012，電気学会2010などは，本書と同じオーム社からの出版ですし，この分野で現在国内の第一人者の一人と目されており，本書の監修もお願いしている日本大学（本書の発行時点の所属）の富井規雄先生がかかわっておられますので，本書のより深い理解にも役立つことと思います．

パソコンに関するスキルとは，具体的にはインターネットから必要なソフトウェアをダウンロード・インストール・設定することができる，といった意味合いです．必要なソフトウェアとは，「すうじっく」それ自体（これはC++で書かれた評価ソフトウェアと，評価ソフトの入力ファイル作成のためのRubyで書かれたGUIフロントエンドに分かれています），およびRubyの実行環境（Microsoft Windows上では便利なRubyInstallerというものが公開されており，これを使うことができます）のインストールや設定ができるなら，大丈夫だろうと思います．プログラムはすべてソースコードを公開していますが，その中身について知りたい場合，C++やRubyなどプログラミング言語それ自体や，利用しているライブラリ，評価ソフトウェアの入力データの形式として利用しているXML，列車ダイヤ出力に利用しているSVGなどについて知識が必要になるでしょうが，本書はそうした知識がなくてもおわかりいただけるように書いたつもりです．

本書の構成と読み進め方

本書は，ぜひ自由に使えるパソコンを脇に置いて，それをさわりながら読み進めていただきたい，と著者は考えています．その前提のもと，本書は次のような構成になっています．

第1章「列車ダイヤ評価の理論」では，列車ダイヤやその評価，そして列車ダイヤ評価の核となる旅客の行動仮説など，「すうじっく」の基本となる考え方について説明します．列車ダイヤの評価は数値の形で出てきますが，その数値の背景にあるのは「何が『よいダイヤ』か」ということについての考え方で，これについては十分に理解していただく必要があります．

第2章「シミュレーションの準備」では，まず2–2節で必要なソフトウェアのインストールや設定の方法を説明します．次いで，2–3節では極めて簡単なデータを入力し，最初の列車ダイヤ評価を行う手順を説明します．この章を読み通し，実際にパソコンで作業していただくことで，特に第3章で例題を実際に解いていただくための準備ができることになります．

第3章「旅客行動シミュレーションはどう働くか」では，その結果を読み解く方法と，背後にあるモデルがどのような性質をもっていて，それがどのように評価に影響するかについて解説します．

そして，第 4 章「列車ダイヤ評価の実際」では，いくつかの例題を掲げ，与えられた路線モデルに対してどんな列車ダイヤを与えたらどのような評価が出てくるのか，そしてそれはなぜなのか，を説明します．すでにご説明しましたとおり，列車ダイヤ評価は旅客行動シミュレーションの結果をベースにして行われますので，どんな結果が出てくるにしてもその結果が出てきた理由が論理的に説明できなければ，評価それ自体に何らかの誤りが含まれている可能性が出てきますから，このような考察を経ることはとても重要です．このように，例題を通じて一連のプロセスを追体験していただくことが，「すうじっく」をご自分のプロジェクトなどに正しくお使いいただくうえで重要だと考えているのです．

ということで，順番どおり読み進めていただけるなら，まずは理論の理解からとりかかってみてください．

列車ダイヤの世界にようこそ．

［参考文献］

・富井規雄編著　2012：鉄道ダイヤのつくりかた，オーム社

・電気学会・鉄道における運行計画・運行管理業務高度化に関する調査専門委員会編　2010：鉄道ダイヤ回復の技術，オーム社

目　　次

第４章 列車ダイヤ評価の実際

第1章

列車ダイヤ評価の理論

日本では,「列車ダイヤ」とは鉄道の運行計画を表す言葉として広く用いられています. この章では, 運行計画とは何か, またその評価はどのように行えばよいかについて, どんな方法があるか, 説明していきます.

1-1 列車ダイヤとその必要性

鉄道は「列車ダイヤ」に従って列車を走らせている…. そんなの当たり前じゃないか, と思う方も多いかもしれませんが, まずはそこから考察を始めてみましょう.

列車ダイヤという言葉は, もともと英語の diagram から来ています. 日本では, 小学校の算数などで「運行計画を表した図をダイヤグラムと呼ぶ」と教えていますが, そのダイヤグラムをさらに略してダイヤ, 列車のダイヤだから列車ダイヤ, などと呼ぶわけです. いまでは, 運行計画それ自体を列車ダイヤと呼ぶことが一般的になってしまったため, おおもとの「運行計画を表した図」に対し「列車ダイヤ図」という大変気持ち悪い専門用語を当てざるを得なくなっています. ちなみに, 原語となった英単語 diagram それ自体は「図」とか「図面」とかいう意味で, 列車ダイヤも含め図面なら何でもそう呼ばれます.

ともかく, ここでのポイントは, 列車は事前に綿密に作成された何らかの計画に従って運行されているということです. この計画のことを運行計画, もしくは列車ダイヤと呼ぶ, と理解しておきましょう.

では, なぜ鉄道はこの運行計画＝列車ダイヤに従い列車を走らせるのか？　非常にわかりやすい答えは「そのほうがよいから」ということに尽きるでしょう.

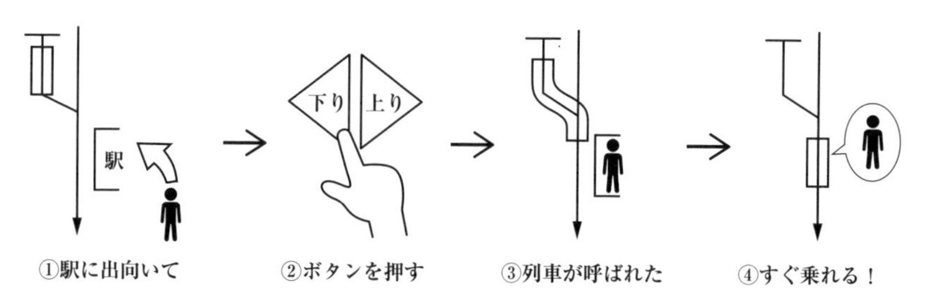

図 1-1　エレベータのように利用できる鉄道？

例えば，ある鉄道路線を作り，路線上に駅もたくさん作っておいたとします．この路線をエレベータのように動かすことはできるでしょうか？ できないことはありません．駅にエレベータのような呼びボタンをつけておきます．乗客は，駅に来たらそのボタンを押して列車を呼ぶ．ボタンが押されたら，近くの列車が駆けつけてその乗客を乗せる．乗客は，乗車後自分の目的駅を選び，到着を待てばよいのです．列車到着を待つ時間がほとんどない！ 夢のようですね（図 1-1）.

しかし，呼ばれる前の列車はどこに待機していればよいでしょうか？ 図 1-1 では何だか都合のいい場所に列車を置いておく側線があり，そこに列車がいますが，ふつうこういう便利なことはないですね．車庫ですと，押しボタンで呼ばれてから列車が出てくるまでに時間がかかりますから，列車がいるのは本線（とりあえず「乗客や貨物を載せた列車が走る線路のこと」くらいに理解しておいてください．ちなみに側線は「本線以外の線路のこと」です）の上のどこかでしょう．エレベータの場合がまさにそんなふうですが，エレベータの搬器はふつう「シャフト」を独占しています．停止階床数（鉄道の駅数に相当）に対してシャフト全長（鉄道の路線長に相当）も短い．鉄道やその列車はそうではありませんから，乗客が一人しかいないとしても複数の列車を動かさなければならない状況が発生する可能性があります.

幸か不幸か，鉄道は大量輸送交通機関ですから，乗客が一人しかいない状況はほぼあり得ません．しかし，乗客が「たくさんいる」のも問題です．1 列車当たり定員が 1 000 人以上であることもまれではありませんから，すでに乗客を乗せて走っている列車も，呼びボタンが押されれば途中駅にどんどん止めざるを得ません（エレベータだと「満員だから通過」ということがよくありますが！）．結局は，このようなシステムでは，すべての列車が全駅に止まることになると考えられます．

それなら，エレベータ風の押しボタンなどやめて，車庫から本線上に出しておく列車の本数だけを決め，それらの列車は等間隔に沿線の全駅に停車しながら，路線の起終点間を折り返し走行する，というやり方が考えられます．実のところ，海外の地下鉄などではこうした列車ダイヤを綿密に定めない運行方法がふつうに行われているようです．

しかし，路線が複雑に入り組んでいたりすると，このようなやり方ではうまくいかなくなるかもしれません．分岐点に線路と線路との平面交差があり，そこで長く待たされるといった問題は，例えばロンドンの地下鉄ではよく経験します．また，各駅停車だけの運行ですと所要時間が長くなりがちです．停車駅数を減らすことで所要時間が短くなるわけですが，停車駅はどのように決めたらよいでしょう？ 列車ごとの所要時間に差が生じるならば，複数の列車が抜きつ抜かれつしながら走るようにすることも考えられますが，2 車線の道路での自動車どうしの追い越しとは異なり，列車は勝手な場所で追い越しができるわけでもありません．また，単線鉄道であったら，反対向きに走る列車との行き違いも考えなければなりません．

このようないろいろな制約を考えますと，事前に緻密な運行計画を立てておいたほうが，それがない場合に比べて能率のよい輸送が可能になるのです．エレベータのようなやり方のことをデマンド運行といいますが，いまのところ鉄道では夢のまた夢，運行計画に依存するやり方を捨てることは当面できないと考えられているのです．

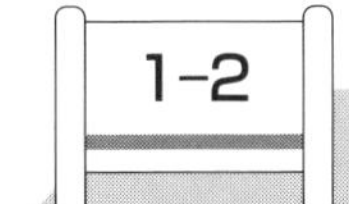

1-2 よい列車ダイヤとは？

このように，運行計画があることでよりよい鉄道サービスの提供が可能になっているわけですので，運行計画それ自体の出来は鉄道サービスの良否に直結することになります．

1-2-1　よい鉄道サービスとは？

では,「よい鉄道サービス」とは，どんなサービスでしょうか？

まず，乗客（旅客鉄道の場合．貨物鉄道の場合は荷主さんということになるでしょうが，旅客鉄道の場合とは多少違う視点もあるため注意が必要です．本書では以下特に断らない限り貨物鉄道は扱いません）の立場から考えてみましょう．

まず，交通機関にとっていちばん重要なのは，その旅行時間の短さです．必ずしも「速さ」ではないことに注意してください…最高速度がどんなに高い乗り物でも，それを利用するために回り道をしたり，長時間待たされたりしなければならないと，より速度の低い乗り物に対して競争上優位に立てない可能性が出てくるのです．飛行機と鉄道の関係がよい例です．鉄道の所要時間が３時間を越える区間では，飛行機の競争力が増すとよくいわれます．逆に，鉄道の所要時間が２時間程度の区間では飛行機は競争力がない．現に，新幹線が１時間30分ほどで結ぶ東京・名古屋間についてみると，どちらも大きな人口を抱えたエリアなのに航空各社はこの間を結ぶ国内線をほとんど飛ばしていません．皆無でもありませんが，これは主に東京の各空港発着の国際線への接続の提供という目的が主であるようです[†1]．

旅行時間の短さは交通機関の魅力の主なものですが，あまりに魅力が大きく，たくさんの利用者を呼び寄せてしまうと，混雑が問題になります．指定券を購入して乗車するようなものの場合，混雑がひどいと乗車できなくなったり，乗車できる場合でも窓際・通路際・グリーン車・普通車・喫煙車・禁煙車など思いどおりの座席がとれなくなったりします．複数人で利用する場合に座席が離れてしまう，といったことも問題でしょうね．また，通勤電車などのように座席指定などを行わない列車の場合，乗れても座席が確保できず，立たされる，といったこと

†1　ちなみに，例えば日本からドイツまでの航空券を買うと，ドイツ側の空港名として「ドイツ鉄道」と書いてあることがありますが，これは日本からドイツ側の主要空港であるフランクフルトまでは航空機に乗り，フランクフルト空港で降機後，フランクフルト空港駅から各地へのICE列車に乗車できる航空券です．フランスでも，パリ・シャルルドゴール空港でTGV列車に接続する航空券が手配できるようです．日本では，新幹線が乗り入れている空港がないので，このマネはそもそもできませんね…．

になります．単に立たされるというだけでなく，混雑がひどくなって押し合いへし合いというところまでいけば，これはもはや論外ですが，そのような状況も東京などでは日常的に見られます．

便利さも重要です．便利，ということにはいろいろな意味合いがあり得ますが（例えば「パソコンやスマホのための電源コンセント」（図 1-2）は近年の鉄道車両のトレンドですが，これも乗客が便利だと評価するからでしょう！），特に重要なこととして途中駅での乗換えがないということが挙げられます．乗客が乗換えを強く忌避するというのはよく知られた現象で，階段の昇降を伴うような「よくない乗換え」はいうに及ばず，同一プラットホームの反対側の列車に乗り換えられるような良好な接続が図られているケースであっても，乗客が乗換えを嫌う傾向は容易に観察されます．乗換えはできる限り避けるのが好ましいわけです．

快適さというのも重要でしょう．揺れが少ない，座席の座り心地が良い，眺望が良い，などの要素が考えられます．

一方，鉄道を走らせる企業（運営者）側からは，このような良好なサービスを過剰でないコストで提供可能であることが重要だろうと考えられます．

重要なポイントは，残念なことですがこの運営者の利害と乗客の利害とは一般論としては一致しないということです．典型例は混雑です…混雑している列車は，乗客から見れば悪い列車かもしれませんが，運営者側から見れば儲かる良い

図 1-2　英国，チルターン鉄道の列車内でみかけた電源ソケット（左写真は 2012 年 9 月，右写真は 2016 年 8 月，いずれも筆者撮影）．英国の巨大なソケットですが，この鉄道では早くから積極的に取付けを進めています（ちなみにいずれもディーゼル列車！）．車内 Wi-Fi も 2012 年時点で無料でした．便利に使える大きなテーブルも注目点かもしれません…かつては英国の列車の典型的な車内設備でしたが，残念ながら近年これは英国内でも珍しくなりつつあります．

列車である可能性が高いのです！ それなのに，わざわざコストをかけてその混雑を解消すると，その意味での「よさ」はなくなるかもしれないのです．

もちろん，両者の利害は常時対立しているというわけでもありません．乗客が好むサービスを運営者がより多く提供した結果，乗客が増え，運営者がより多くの運賃・料金収入を得られる，といった場合は，そのような利害の一致の典型例です．

また，ここまでは運営者と乗客の利害対立を強調するような書き方をしましたが，鉄道は大量輸送機関であり，たくさんいる乗客相互にも利害の対立が存在しうるということにも注意してください．急行列車をどこに止めたらよいか，という問題がよく政治問題化するのは，そのような利害対立の存在を示す典型例の一つです．

1-2-2　列車ダイヤは鉄道サービスの「よさ」に影響を与える

さて，「よいサービスとは何か」をこんなふうに理解したとき，鉄道が提供するサービスをそのような方向に改善するにはどうしたらよいでしょう？

運営者はいつでもより大きな利益を上げたいわけですが，そのために必要な運営コストを下げる方法はいろいろ考えられます．より手のかからない軌道・車両構造の採用，各種作業の自動化などはその典型例です．また，利用者の立場からも，より快適な車両への取換えだとか，新幹線のような旅行時間の短い鉄道新線の建設などが考えられます．しかし，これらは本書が対象とする列車ダイヤに直接関係することとはいえないのではないでしょうか．

列車ダイヤいかんで，乗客の所要時間や混雑，乗換え回数などの利便性は大きく変化し得ます．また，運営者から見た運営のためのコストも，大きく変動し得るのです．以下では，このことをもう少し詳しく説明してみましょう．

1-2-3　列車ダイヤと所要時間

具体例を一つ．京浜急行電鉄本線の品川・横浜間には，25 の駅があります．手元の時刻表によれば，早朝 5 時 2 分に品川を出る各駅停車列車は 5 時 45 分に横浜に着いています．所要時間は 43 分．ですが，時刻表をよく眺めると，この列車は途中の神奈川新町駅で 6 分程度停車しているようです．この長時間停車をやめれば各駅停車（途中23駅停車）でも37分程度で到達可能ということになります．これは各駅停車列車としてはかなり健闘している数字と申し上げてよいでしょう．

しかし，この区間にはJR東日本の東海道線が並行して走っています．多少ルートが違いますが走行距離はほぼ同一．各駅停車の「京浜東北線」電車は時間帯によりますが25～30分（途中7駅停車），途中川崎駅のみ停車の「東海道線」普通電車であれば17分程度で到着できます．そこで，京浜急行電鉄は昼間時間帯には途中駅通過の速達系列車を走らせていて，途中2駅（京急蒲田および京急川崎）停車の「快特」と呼ばれる種別の列車は東海道線普通電車と同じ17分で結んでいます．このように，停車駅数を減らしたダイヤによれば，同じ線路，同じ車両であってもより短い旅行時間が実現できます．

もちろん，速達性向上のためにいい気になって停車駅を削減してよいわけでもありません．京浜急行の例でも，かつて「快特」は「快速特急」という長い種別名称で，当初は京急蒲田には停車していませんでした（図1-3）．一時は品川・横浜間をJRより速い15分で結んでいた時期もあります．蒲田で本線から分岐する路線が，羽田空港へのアクセスルートとして重要性を増したことなど，蒲田を停車駅として追加するほうが合理的と判断された結果，こうなっているのでしょう．また，こうした速達系列車が停車しない駅はあいかわらず各駅停車列車の利用によらざるを得ませんが，速達系列車が多数運行される時間帯には各駅停車は

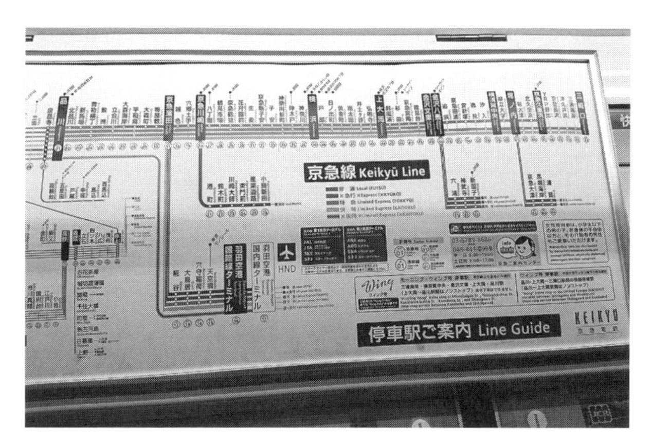

図1-3　京浜急行電鉄内に掲示されている停車駅一覧．

頻繁な待避（別な列車を先に行かせること）のため所要時間が大幅に延び，品川・横浜間を乗り通せば1時間程度かかります．早朝の列車が40分程度だったわけですから，20分程度待避待ちのため駅に長く止まっていることになります．京浜急行の場合，途中で速達系列車に乗り換えさせることで，多くの場合に極端な所要時間の延びがないよう配慮されてはいます．

また，停車駅を削減しても思うように所要時間短縮ができないケースもあります．JR東日本の中央線「中央特快」「青梅特快」（特快＝特別快速）がその典型例として挙げられます．新宿駅の西隣の中野と，そのさらに郊外側となる三鷹駅との間は停車駅がありませんが，同区間5駅停車の「快速」を追い抜く場所がなく，かなり極端な減速を強いられるケースが多いようです．土休日には「快速」の停車駅数が3駅減の2駅となり，これら「特快」列車の所要時間も1～2分短縮されるようです．平日でも列車ダイヤに何らかの工夫をすることで，この程度の時間短縮が容易に実現できそうに思われます．

ところで，所要時間が短い列車が設定されたからといって，乗客から見た実質的な所要時間が思うように短縮されるとも限りません．例えば，地下鉄のような路線で急行運転を行う列車があったとして，その頻度が1時間1～2本であったとすると，多くの乗客はその所要時間短縮の恩恵に浴することはできないでしょう．これは急行運転に限った話ではなく，一般に運行される列車の頻度が高ければ高いほど「待たずに乗れる」ようになるため，実効的な所要時間は短くなるのです．また，時間当たり本数が同じでも，間隔が不均一であると，均一な場合より実効的な所要時間は長くなります．

1-2-4　列車ダイヤと混雑

1-1節で「車庫から本線上に出しておく列車の本数だけを決め，それらの列車は等間隔に沿線の全駅に停車しながら，路線の起終点間を折り返し走行する」という，海外の地下鉄の運行方式を紹介しました．日本ではほとんど見られないやり方ですが，この方式でも「本線上に出しておく列車の本数」はあらかじめ決めておかなければなりません．実績データなどから「この時間帯にはこのくらいの本数が必要」ということをあらかじめ予測して，それに基づいて列車を動かすことになります．

この事例からもわかるように，列車ダイヤは必ず需要（どのくらいの人が乗るか）の予測に基づいて，それに見合う輸送力をつけなければなりません．それに失敗すると，誰も乗らずに「空気を運んでいる」と揶揄されるような状況が出現したり，ひどい混雑状況が発生したりします．このことから，需要の可能な限り正確な予測というのが極めて重要であることがわかります．いま，鉄道運営者たちはさまざまな方策を駆使してこの予測の精度を上げようと努力しています．いまは，需要についてはある程度きちんとした把握ができているとして議論を進めましょう．

例えば，需要をそのように精査したところ1時間に「列車2本ぶん」の輸送力が必要とされたとします．ならば列車を1時間当たり2本設定することになるでしょう．しかし，やや極端な例ですが，列車ダイヤを作ってみたところ，何らかの制約により毎時0分発と毎時10分発しか設定できなかったとします．こうなると，おそらくは毎時0分発への乗車を希望する乗客はかなり多く，毎時10分発はかなり少ない，というふうに，利用者の配分に極端な不均衡が生じると思われます（図1-4）[†2]．

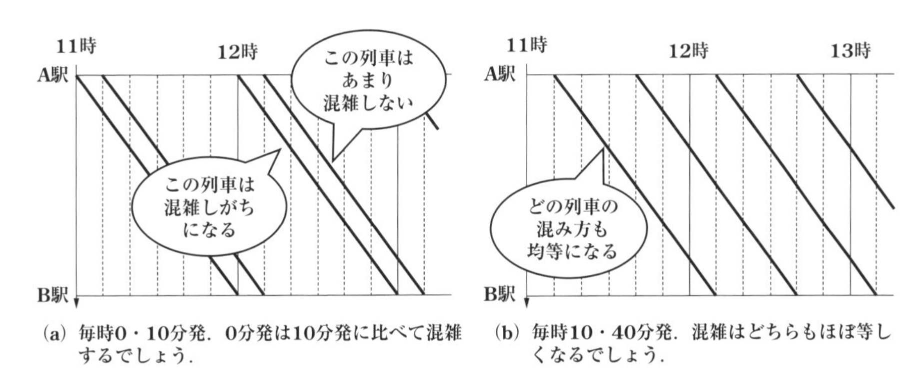

(a) 毎時0・10分発．0分発は10分発に比べて混雑するでしょう．
(b) 毎時10・40分発．混雑はどちらもほぼ等しくなるでしょう．

図1-4 列車間隔の不均一．

†2 利用者の配分の不均衡は，いつでもここで書いたような形になるとは限りません．例えば，かつて山陽新幹線で実際に図1-4 (a) に近い運行が見られたことがありますが，実際の列車の混雑は意外なほどバランスしていたそうです．事前に列車時刻を調べ，座席予約して利用するといった使われ方が一般的な新幹線だったからかもしれません．

直感的に理解できるでしょうが，これを防ぐためにはこのような発車間隔の不均衡をなくせばよいのです．毎時 10 分発および 40 分発のようにしておけば，極端な不均衡は起きないと考えられます．

ちなみに，同一路線を走る特急列車が始発駅毎時 0 分発・30 分発となっているケースは多いですが，0 分発の列車に比べ 30 分発の列車のほうが停車駅が多く所要時間も長い，というケースが少なからず見られます．この場合，停車駅配置にもよりますが 0 分発の列車のほうがより選好されるでしょう．このことが示すように，発駅側の発車間隔だけでなく発駅から着駅までの乗客の「乗り方」全体をきちんと評価しなければなりません．

もう少しいうなら，1 時間に「列車 2 本ぶん」の輸送力が必要，というところにも疑問をもったほうがよい．ここで前提にしている列車の編成が長いなら，それを分割して半分の長さにすれば「列車 4 本ぶん」です．これが特急のようなものではなくて都市鉄道の列車であったなら，1 時間当たり 2 本は頻度が少々低すぎとみられますが，1 時間に 4 本ならぎりぎりがまんできる頻度ではないでしょうか．このように，考えるべき変数が多いことも，列車ダイヤというものの考察を難しくしている要因です．

1-2-5　列車ダイヤと運営コスト

1-2-3 項および前項では，主として乗客から見た列車ダイヤの良否を議論しました．では，鉄道を運営する立場からはどうでしょうか．

前項末尾で述べた「長い列車であれば 1 時間当たり列車 2 本ぶんの輸送力が必要となるところ，列車の編成長さを半分にすれば 1 時間当たり列車 4 本ぶんになる」という話（短編成化による列車頻度増加）についてさらに考察を進めてみましょう．列車を短くすることで 1 時間に 4 本の列車頻度が輸送需要からみて正当化できるようになり，乗客から見ても鉄道サービスが便利なものに変化します．1987 年の国鉄改革の前後に，日本各地の路線でこのようなやり方で列車の頻度を増やすサービスが実現し，乗客などからも好意的に迎えられたのは有名です．

しかし，鉄道運営者が払うべきコストは？ 当然ながら，高頻度化するためには乗務員をより多く確保しなければなりません．近年の列車は一般的に，長さにかかわらず一人の運転士で運転できます（かつては複数名必要でしたし，いまでも車掌など他の乗務員を含めればいろいろな議論があり得ますが，必要な乗務員の数が列車の長さに比例しない点は同じですね）ので，高頻度化で乗務員は増えざるを得ません．また，列車をちょうど半分に分割できるのなら必要な車両の数は増えないかもしれませんが，車両のうち先頭車はそれ以外の車両に比べて高くつくという問題もあります．このように，短編成化による列車頻度増加は，運営者にとってはコスト増の要因が多い施策です．それでも各地で実行されたのは，サービスの利便性向上など乗客から見た「よさ」が明確で，運営者側も利用者数の目立った増加などの恩恵に浴することができたからでしょう．

違う例で考えてみましょう．いま，片道の所要時間が1時間の鉄道があるとします．この鉄道に1時間当たり X 本の列車を運行したい場合，列車の折返しに必要な時間を考慮しなくてよいとすると，ちょうど $2X$ 編成の車両が必要になります．編成両数が1列車当たり10両とすると，$20X$〔両〕の車両が必要となるわけです．$X=24$ として48編成，480両ですね．

では，この車両数を削減する方法はあるでしょうか？

何らかの方法で，1時間かかっていたのを半分の30分にすることができたとしましょう．そうすると，同じ列車本数を維持するのに必要な列車数・車両数も半分になります（図1-5）．所要時間半分とは劇的すぎる感じですが，そうでなくとも所要時間を減らせれば所要車両数も減るのです．1時間当たり24本というのは2分30秒当たり1本ということになるので，例えば片道2分30秒だけ所要時間

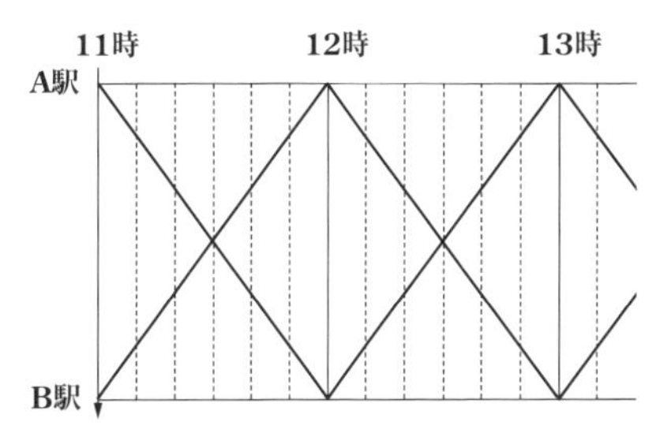

(a) A～B駅所要時間1時間の場合．この図の一番左の時刻においてはA駅とB駅にそれぞれ車両が1編成ずついて，それらが往復することで，両方向とも1時間当たり1本の列車が出せます（折返し時間は考慮していません）．

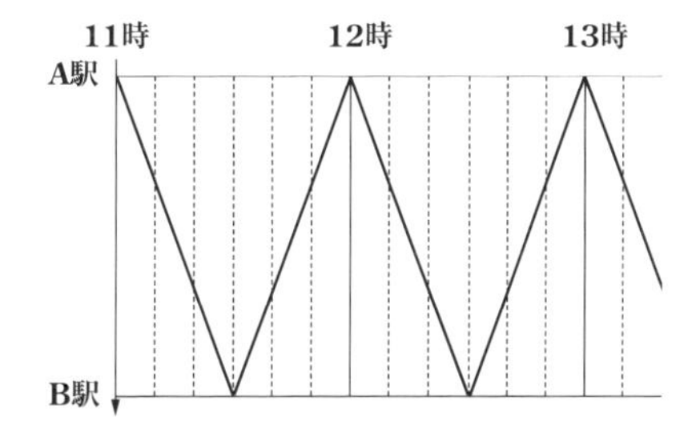

(b) A～B駅所要時間30分の場合．(a)と同じく折返し時間を考慮しない場合，一つの編成で両方向とも1時間当たり1本の列車が出せます．ただし，当然ですがA駅とB駅の発車時刻は同時にはできません．

図1-5 所要時間半減で所要車両数も減少する．

を短縮できたとしましょう．そうすると，所要列車本数は 48 本から 46 本に減るのです！ 車両の新造コストはあまり公表されませんが，断片的に聞こえてくる話からすると 10 両 1 編成で 10 億円を優に超えるようですので，2 編成だけでも所要車両数減少の効果は侮れません．さらに，車両を導入すればそれを「置いておく」場所も必要になります．メンテナンスも必要です．車両数が減るということは，そうしたコストも削減可能ということです．

そして，1-2-3 項で述べたような方法によれば，列車ダイヤの工夫だけでこれが実現するかもしれないのです！

なお，所要時間短縮により軌道などの保守にかかる費用やエネルギー消費量に変化が起きる可能性は指摘しておく必要があるでしょう．

まず，一般論でいえば，ある線路上を走る列車の速度が上がったり，本数が増えたりすると，線路の保守にかかる費用は高くなります．列車ダイヤの工夫による場合は速度の大幅な変化は伴わないかもしれませんが，速度が同じ場合に線路保守の費用はその線路上を走行する列車の総重量（よく「通過トン数」，略して「通トン」などといいます）におおむね比例すると考えられているようです．列車の速度が高まると，同じ通過トン数でも線路に与える影響は大きくなり，当然保守の費用も上がると想像されます．

また，停車駅が同じで列車の所要時間が短くなると，走行のために消費されるエネルギーは非常に大きく増えることも知られています．ただ，1-2-3 項で説明したような所要時間短縮はふつう通過運転（これまで停車駅だった駅を通過すること）によって実現することになりますが，その場合エネルギー消費量は通過運転を行う前と比べて削減されます．最近，私たちの研究室において，ある路線をモデルケースとして取り上げ，列車本数を増やし，所要時間も大幅に短縮された列車ダイヤを作って，全部各駅停車で列車本数が少なくて遅いダイヤ（これが現在実際に使われているものに近い）と比べたところ，所要車両数・消費エネルギーのいずれも減少するという結果を得たこともあります．比較の内容によってはそういう結果が得られる可能性もあることはわかっていましたが，これには私たち自身驚いたものでした．

COLUMN

貨物列車のダイヤ

貨物列車と旅客列車の違いはいろいろありますが，その重要なものの一つに「貨物は自分で動かない」というのがあります．貨物も旅客も速く運ばれればよい部分はありますが，旅客なら 1 分早く目的駅に着いたらそれなりにその時間を有効活用できるかもしれないのに対し，貨物の場合は結局それを誰かが駅から運び出すまでそこにいなければなりません．現在の日本では鉄道貨物輸送も基本的にコンテナ輸送主体ですから，旅客の乗換えに相当する積替えもできますが，旅客に比べれば時間も手間もかかりますし，コンテナを使わない場合などそれができないこともあります．

一方，この「乗換え」相当のことが困難，という事情もあり，列車の時刻に関しては旅客に比べると変更の余地は大きいようです．旅客列車であれば，途中駅での乗降・乗換えなどの事情を考えれば途中駅の時刻変更も自由にはできないですが，貨物列車ならこうしたことへの許容度は旅客鉄道に比べてかなり高いといえます．それどころか，日本の製造業の得意とする「ジャストインタイム生産」向けの物流に鉄道を利用しようと考えれば，むしろ運行計画で時刻を決められるのは邪魔かもしれません．

かつて，山口県にある国鉄（現在は JR 西日本）美祢（みね）線では，美祢駅から瀬戸内海沿岸の宇部にある工場まで，石灰石を運ぶ貨物列車が多数運行されていましたが，工場の所有者が私有道路（宇部美祢高速道路（宇部興産専用道路），図 1-6）をつくってしまい，そちらに需要を取られてしまった，という事例もあります．当時の美祢線が単線で輸送力に限界があった一方，高度成長期でセメント需要が伸びていた時代にあって輸送力増強が求められていたことがこの投資の背景だそうですが，これで「いつ，どのくらい運ぶか」を自己決定できるようになった利点も大きかったものと想像されます．

海外では，この美祢のように内陸にある鉱山から鉱石を掘り出し，それを鉄道で少し離れた港まで運び，船で遠くの国に運ぶ，といった事例がかなりあります．このような場合，鉄道は事実上貨物専用のようにして使われていることが多いのではないかと思われます．米国でも，幹線鉄道は東海岸の都市部などを除き，ほぼ貨物専用状態です．日本ではこれとは逆に鉄道は旅客専用に近い状態，

図 1-6　宇部美祢高速道路（左），物資を輸送するダブルストレーラー（右）
（提供：宇部興産株式会社）．

時刻に「うるさい」旅客列車が貨物に比べて優先度が高かったので，美祢線のようなことが起きてしまったともいえそうです．

1-3 列車ダイヤの評価方法

1-3-1　最適化と評価量

1-2 節で説明したように，所要時間や混雑など利用者から見た鉄道サービスの良し悪しも，運営者から見た経済性（コスト）も，列車ダイヤいかんで大きく変化し得ます．ですから，誰でもよりよい列車ダイヤをつくりたい．しかし，列車ダイヤはいうまでもなく非常に複雑なものですから，その良し悪しを簡単に理解することはできません．もし，「この列車ダイヤは 75 点！」「これは 72 点！」などと得点をつけることができれば，72 点より 75 点のダイヤを選ぶとかいうことが簡単にできるのですが．

工学の分野ではよく「最適化」と称する作業を行います．例えば，いま何かを

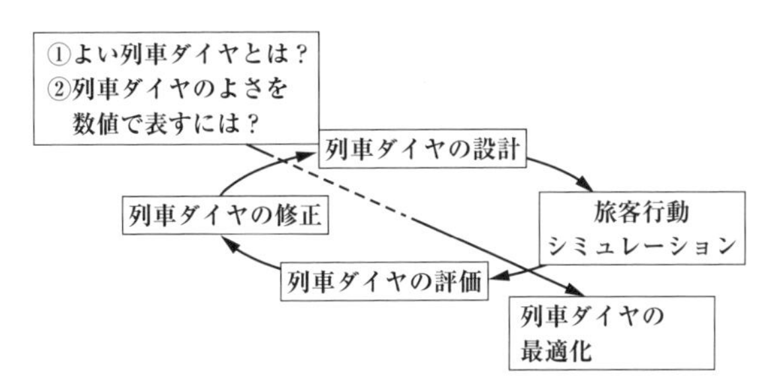

図 1-7　列車ダイヤの最適化プロセス．列車ダイヤ以外の大規模システムにも共通に使えるプロセスです．

設計（デザイン）しようとしている人がいるとします．その人はおそらく「最適な」，すなわち「いちばんよい」デザインを求めようとするでしょう．だとすれば，そのプロセスがまさに「最適化」そのものです．

どうするか？ 若干厳密さに欠ける書き方になりますが，おそらくその第一歩は「適しているってどういうこと？」と考えること．そして，その「適している度合い」を数字で表す何らかの指標を見つけ出すことです．先ほど，75 点だの 72 点だのと列車ダイヤに得点をつけられたらいいのに，という話をしましたが，これはまさにその得点のつけ方を探すという作業のことなのです．この得点のことを，最適化においてはよく評価量と呼びます．

それが見つかったら，その指標が最もよい値になるまで，デザインをああでもない，こうでもないと変更し，試行錯誤を続けていくことになります．その試行錯誤をコンピュータによって効率的に進めるのが「最適化アルゴリズム」というものである．とりあえずそう理解しておいていただければと思います．近年，この最適化アルゴリズムの研究が非常に進展して，以前よりずっと大規模な最適化ができるアルゴリズムが数多く編み出されています（図 1-7）．

しかし，実はその「評価量」を見つけるという作業自体があまり簡単ではないのです．よくあるのは，この評価量で評価すれば最適化でよいものができると思って最適化をやってみたら，その評価量は確かによくなったのだけれど，できあがったものを別な視点から見たとき非常に変になっている，といったようなことです．これは，評価量というのはたいがいある一つの視点から見たときの良し悪しの評価だけを代表する指標だからです．したがって，最適化の実際の作業では，評価量の値を改善する試行錯誤だけでなく，適切な評価量それ自体を見つけるという試行錯誤も行われることになります．いずれも，対象が大規模であればあるほど，困難な作業になります．

1-3-2　列車ダイヤ評価の基本的評価量

列車ダイヤも，当然前節で説明した最適化の対象になり得ますし，すでに「はじめに」でもご説明したとおり列車ダイヤ研究は近年非常に盛んです．でも，列車ダイヤは大規模で複雑な対象の典型例のような存在です．最適化自体もさることながら，評価量の発見は難しいのでは？ しかし，幸い30年も前に書かれた曽根1987：4・2に，すでに基本的な評価量の提唱がなされているのです．それらは，(a) 乗客の総人キロ（旅客輸送量），(b) トレインアワー，(c) カーアワー，(d) 乗客から見た（待ち時間を含む）平均速度，そして (e) 乗客から見た実効混雑度の五つです．

すでに述べたように，列車ダイヤの評価結果は，評価する人の立場により変わる可能性があります．乗客と鉄道運営者という二者がその「立場」の代表例です（鉄道は社会が必要とするインフラなのですから，社会全体というのもあり得ます）．上記のうち (a)～(c) は鉄道運営者からの視点での評価量，(d)・(e) は乗客からの視点での評価量ということができます．

このうち，(a)，すなわち旅客輸送量は，多ければ多いほど鉄道運営者の収入が多くなります．それだけでなく，社会に鉄道が与える影響（あるいは鉄道が社会に対してもち得る影響力）も大きくなるでしょう．しかし，残念ながら現在のところサービス水準と輸送量もしくは乗客数の関係を十分な精度で再現しうるモデルはないようです．そして，モデルがなければ評価に使えません！ 例えば，これまで運賃に加えて追加の料金を払う必要なしに乗れた列車を有料化，つまり追加料金を払わなければ乗れない列車に変更したら，乗客はどのように振る舞うか，といったことでさえ正確な予想は難しいというのが現状なのです．そのような状況なので，以下では (a) については列車ダイヤなどで定まるサービスの水準に依存せず，常に一定と仮定して評価を行うことにしましょう．

1-3-3 トレインアワー・カーアワー

では，(b) トレインアワー，および (c) カーアワーの二つはどうでしょうか．これらも鉄道事業者の立場からの評価で，運営にかかるコストを反映した指標とされます．

まず両者を定義しましょう．ある列車ダイヤにおいて，ある1本の編成が線路上に1時間存在している場合，それを1トレインアワーと呼びます（編成数の単位が〔本〕だとしますと，トレインアワーの単位は〔本·h〕となります）．列車ダイヤ上に存在する全編成についてこれを合計したものが総トレインアワーです．列車ダイヤは通常周期的ですので，周期当たり総トレインアワーを周期そのもので割ったものを正規化トレインアワーと呼び，その単位は〔本〕になります．カーアワーも同様に定義できます．ある1両の車両が線路上に1時間あれば1カーアワー（カーアワーの単位は〔両·h〕）．総カーアワー，正規化カーアワーも同様で，正規化カーアワーの単位は〔両〕となります．

列車ダイヤが与えられるとよく「列車キロ」「車両キロ」なるものが計算され，公表されています．列車キロは設定された列車の起点から終点までの走行距離をすべて足し合わせたもの．車両キロは設定された列車を構成する車両の走行距離を同様に足し合わせたものです．これらは列車ダイヤの規模や「人キロ」ベースの輸送力を表す指標として用いられます．しかし，曽根 1987：4·2 は，これらが運営者のコストを正しく表示しないというのです．

簡単のため，すべての列車は1編成当たり一人の運転士により運行可能と考えましょう．そうすると，総トレインアワーが x〔本·h〕の列車ダイヤを動かすのに必要な運転士の「労働の総量」は，一人の運転士が x〔時間〕労働するのと同じ量であることがすぐわかります．もちろん，運転士の働き方には法規や労使間の合意などに基づくさまざまな制約が存在することなど，このような単純な計算ではすまない，いろいろなことが本当はあるわけですが，このような単純化した議論もコストの指標としては十分有効と考えられます．正規化トレインアワーを利用すれば，それが N〔本〕であれば運転士は最小 N〔名〕いれば足りる，といった議論も可能です．すなわち，トレインアワーは乗務員に関係するコストを表す指標として使うことができます．

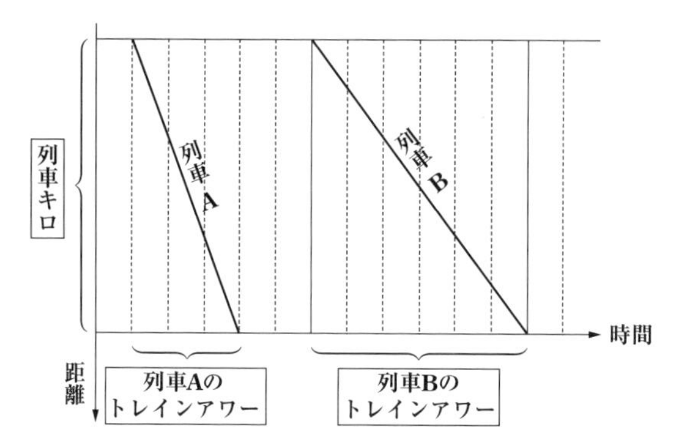

図 1–8　列車キロとトレインアワー．列車 A も列車 B も列車キロは同じですが，列車 A は列車 B に比べてトレインアワーは半分です．

カーアワーについても同様の議論ができ，こちらは所要車両数がストレートに求められることになります．正規化カーアワーが，まさに当該列車ダイヤを「まわす」ために必要な最小の車両数を表しているのです．車両数が少なければ，車両基地の面積，車両の新造・保守・廃棄にかかる費用など，車両にかかわるさまざまなコストが削減できることはいうまでもないでしょう．

ところが，列車キロや車両キロでは，走行距離はわかっても，その走行に要する時間がわかりませんので，このような議論はそれだけでは行うことができません．図 1–8 のように，列車 A および列車 B があり，列車 A は列車 B の半分の時間で同じ区間を行くことができるとします．このとき，列車 A・B の列車キロは同一ですが，列車 A のトレインアワーは列車 B のそれの半分なのです．

例えば，1 周 34.5 km の山手線に 1 周 1 時間で回る列車を，列車間隔が 6 分になるように 1 時間当たり 10 本設定したとしますと，1 時間当たり総トレインアワーは 10 本·h，列車キロは 345 km となります．ここで，所要時間短縮により山手線が 30 分で 1 周できるようになったとすると，同様に 1 時間当たり 10 本の列車を設定したとしても，総トレインアワーは先ほどの半分，5 本·h ですみます．しかし，列車キロは先ほどと同様 345 km のままなのです！

このように，トレインアワー・カーアワーは乗務員や車両にかかわるコストのよい指標になり得ます．また，これらの数値は列車ダイヤを与えれば直ちに計算可能であることも指摘しておくべきでしょう．

1-3-4 総旅行時間，総損失時間

次に，(d) 乗客から見た（待ち時間を含む）平均速度についてみましょう．これと次の (e) とは，これまでとは異なり乗客の立場からの評価になります．

平均速度が速ければ速いほどよいのはいうまでもないでしょう．これは，別な見方をすれば「所要時間が短ければ短いほどよい」というふうに言い換えても同じことだと考えられます．そこで，以下では待ち時間を含む所要時間のことを「旅行時間」と呼び，この数値を求めて評価量として用いることを考えます．

ここに一人の乗客がいるとします．この乗客の旅行時間は，この乗客が利用開始駅に現れてから，その乗客が利用終了駅を立ち去るまでの時間，ととりあえず考えることができます．総旅行時間とは，すべての乗客について，個別の旅行時間を求め，それを合計したもの，と定義することができます．

ところで，ここで問題になるのは，列車ダイヤが与えられたとき乗客がどのように多数ある列車の中から自分が乗車するものを選択するのか，ということです．例えば，図 1-9 のような単純な列車ダイヤの場合であっても，乗客はなにがしかの考えをもって列車 a または列車 b を選択します．もちろん，図 1-9 に示した時刻，つまり列車 a の発車直前に乗客が A 駅に現れたのであれば，列車 a と列車 b のいずれを選択することもできますが，同様に D 駅に行きたい乗客が A 駅に

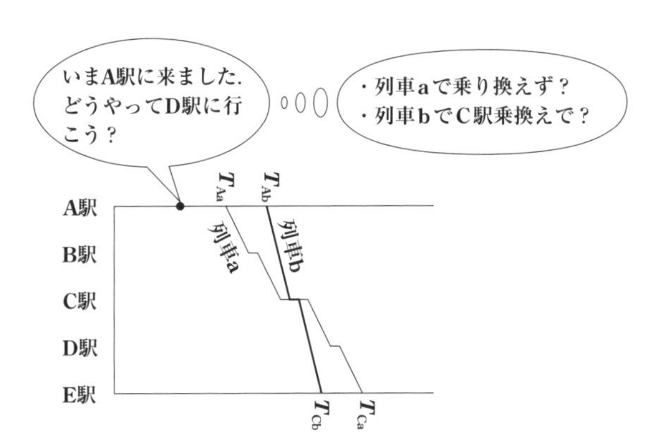

図 1-9 図のような列車ダイヤで走っている鉄道の A 駅に，ここから D 駅までこの鉄道を使って移動したい乗客がやってきました．この乗客はどの列車に乗ってゆくでしょうか？

出現したのが列車 a の出発直後であったとすれば，列車 b を選択するほかなくなりますね．この例からも想像されるように，実際に日常的に鉄道を利用している実際の乗客たちの行動を観察すれば，その選択のやり方・考え方が実に多様であることにすぐ気づくことでしょう．選択される列車が異なるのであれば，評価結果としての総旅行時間も当然変化するはずです．そこで，本書で述べる評価手法においては，ある考え方に基づいた簡易な旅客行動シミュレーションを行い，すべての乗客の行動を確定してから，この総旅行時間を求めるようにします．そのシミュレーションの基本的な考え方については 1–4 節をご覧ください．

なお，待ち時間については適切に旅行時間に含める必要があります．1–4 節で述べますが，乗客は主に「時刻表を見ずに（列車の時刻を知らずに）利用開始駅にやってきて，自分の目的駅に最も早着する列車を選択する」ものと「利用終了駅に到着したい時刻以前に到着する列車の中で最も遅く利用開始駅を出発するものを事前に時刻表などで調べ，その列車を目指して利用開始駅に現れる」ものとに分けられると考えられます．そのうち前者については利用開始駅で待ちが発生する可能性があります．しかし，利用終了駅に到着した後には待ち時間はないと考えてよいのではないでしょうか．一方，後者の場合，利用開始駅においては待ちが発生しないと考えられるものの，利用終了駅にちょうどよい時刻に到着する列車がない場合，列車が利用終了駅に到着してから自分が本来到着したかった時刻までの間は待ち時間であると考えた方がよいと思われます．いずれの場合も，途中で乗継ぎなどのための待ちが発生する場合は，その時間も旅行時間に含めるのが適切です．

なお，忘れてはいけないのは，われわれは列車ダイヤを議論しているということです．総旅行時間の短縮の方法としてわれわれがとれるのは，列車ダイヤを変更することだけです．したがって，総旅行時間の短縮にはおのずと限度があり，その最短値は「すべての乗客について，一切の待ち時間なく，利用開始駅と利用終了駅の間をノンストップで結ぶ列車が設定されている」場合のそれである，と考えられます．もちろんそんなことは不可能なのですが，総旅行時間がそのような場合を下回ることはない，というのは，その短縮可能性を評価しようとするときには重要でしょう．そこで，個別の乗客の旅行時間から，そのようなノンストップ列車の所要時間を差し引いたものを，損失時間と呼んでいます．その全乗客についての合計が「総損失時間」というわけです．総旅行時間と総損失時間の違いは，理論的にこれ以上列車ダイヤの工夫で時間短縮ができないという点が後者ではゼロになるが，前者ではゼロではなく，その値もはっきりしない，ということだけです．

1-3-5 実効混雑度

最後に，(e) 乗客から見た実効混雑度についてみましょう．これも乗客の立場からの評価になります．特に日本の通勤鉄道は混雑がひどいことで知られており，本書執筆時点で現職の東京都知事が選挙公約に「満員電車ゼロ」を掲げたことなどは，すでに「はじめに」で述べたとおりです．混雑度はこの混雑をストレートに表す指標です．前節の総旅行時間／総損失時間の評価と同様，これを評価するためには，ある考え方に基づいた簡易な旅客行動シミュレーションを行い，すべての乗客の行動を確定する必要があります．そのシミュレーションの基本的な考え方については1-4節をご覧ください．

ところで，1個の列車がここにあったとします．その混雑度は

(1個の列車の混雑度)＝(その列車の乗車人数)／(その列車の定員)

で表すことができそうです．しかし，ここでは「実効混雑度」とわざわざ「実効」という言葉を追加しています．しかし，これはあまり広く知られた概念ではないようです．どんなものなのでしょう？

実効混雑度と対立する概念として「平均乗車効率」という考え方があります．そもそも乗車効率という言葉には「効率は高ければ高いほどよい」という気持ちが含まれていて，ここで使うこと自体が不適切なのですが，それはとりあえずおきましょう．これは

(平均乗車効率)＝Σ(乗車人数)／Σ(列車定員)

という式で計算できるものです．$\Sigma(X)$ とは，複数の列車があるとき，個別の列車についてXの数字を求め，それを全列車について足し合わせたものを表します．

この平均乗車効率とは違うものとしてわざわざ実効混雑度を持ち出してきたのですから，平均乗車効率に何か問題があることになります．それを示すのが，やや極端な次のような例（図1-10）です．

いま，同一定員の2本の列車があるとします．そのうち1本には誰も乗ってお

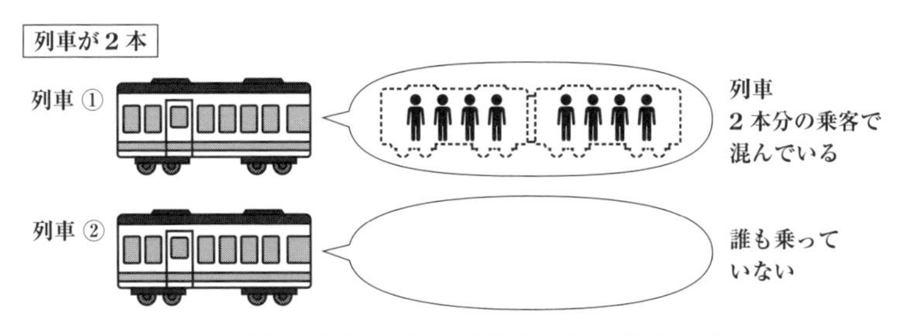

図 1-10 実効混雑度と平均乗車効率の違いが極端に出る例.

らず，もう1本には定員の2倍の乗客が乗っている．このとき，輸送力は列車2本ぶんあり，乗客も列車2本分の定員と同じ数だけ乗車しています．したがって，2本の列車を合わせたとき，平均乗車効率は100％と計算できます．

おかしいですよね？ 乗客は，全員200％の混雑を体験しているのですから．そこで，実効混雑度は「乗客が体験した混雑の平均値」を求めます．式にしますと

$$(\text{実効混雑度}) = \Sigma(\text{乗車人数} \times (\text{乗車人数} \div \text{列車定員})) / \Sigma(\text{乗車人数})$$

となります．当然，上記の例では全員が200％の混雑を体験していますから，実効混雑度は200％と計算できるのです．

実効混雑度は平均乗車効率を下回ることはありません．列車ごとの混雑率にばらつきがあればあるほど，実効混雑度と平均乗車効率との開きは大きくなります．同じ混雑という現象も，乗客から見る場合と運営者から見る場合とで，かくも異なる可能性がある，ということを表す，大変興味深い考え方だと思います．

実効混雑度を求めるためには，1-3-4項の総旅行時間／総損失時間を求める場合と同様，乗客がどの列車を選択し，それに乗るのかを決めなければなりません．次節で述べるシミュレーションが，混雑度の計算においても必須ということになるわけです．

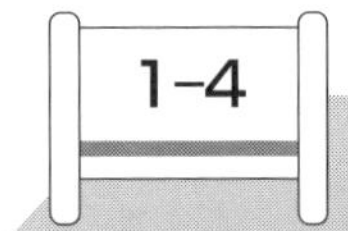

1-4 旅客行動シミュレーションの方法

1-3-4項および1-3-5項で述べた乗客目線の評価量は，シミュレーションによりすべての乗客の行動を確定させたうえで求める必要があります．このために必

要なのは，その行動のモデル（これを行動仮説と呼びます）を確立し，シミュレーションのための計算機プログラムとして「実装」することです．

しかし，これは必ずしも簡単なことではありません．実際の鉄道システムにおいて起きるであろうことを再現しようとすると，乗客がどのような判断のもとに乗車する列車を選択しているかを理解しなければなりません．ところが，乗客は実にいろいろなことを考えてその取捨選択を行っています．列車ダイヤやその路線の状況などに関する経験や知識（急行列車より緩行列車のほうが遅いが空いている，この駅を経由すると座席が得られる可能性が高い，この駅での乗換えは楽，など），その日の体調，天候，手荷物の多寡，当日の懐具合など，さまざまなことが判断に影響しえます．これをすべて考慮できるような複雑なモデルを作ることも，これまでに得られた知見や現在利用可能な計算機の能力からすれば可能かもしれません．しかし，現時点ではそのようなモデルが仮にできたとしても，できたモデルの妥当性それ自体の検証が不可欠と考えられます（このようなモデルは「未確立」であると呼ばれます）．

それよりはるかにシンプルで，かつ多くの人々の納得が得られそうなのが，乗客はともかく「早く＝短い時間で行こうと考え，そのように行動する」というモデルです．もし，時刻表を事前に調査したりせずに，ある目的駅に行こうと駅に現れた乗客がいて，時刻以外の条件（例えば運賃）が同一で混雑や乗換えに起因する不安も一切ないとしたら，その乗客は複数の利用可能な列車を比べ，最も早く目的駅に着く列車を選択して乗車するでしょう．そこで，乗換え回数や混雑度などを一切考慮せず，乗客は「早く行こうと考えて行動する」というふうにのみ仮定して，モデルを作ります．本書の以下の部分では，その考え方に基づいたモデルにより，検討を行うことにしましょう．

このようにモデルを作り，シミュレーションを行いますと，実際とは多少異なる乗客行動が求められることになるでしょう．特に，混雑に関しては，どんなに混雑する列車も避けないために，非常におかしな結果が出る可能性があります．ありがちなのは，物理的にはあり得ない，あるいはあり得るが生命に危険が及ぶ，といったレベルの，300 %を大幅に超えるような混雑の出現です．しかし，ここで行うシミュレーションは実際に起こる現象を再現するためのシミュレーションではない，と割り切ることにします．あくまでも評価のためのシミュレーションであり，乗客が「乗りたいように乗ったらこうなるんだ」ということを再現するためのものだ，と考えるわけです．

また，すでに 1-3-2 項で述べたように，ほんとうはサービスの良し悪しは乗客数の多寡に影響を及ぼすと考えられます．よりよいサービスを提供する路線にはより多くの乗客がつくだろうし，その逆もまた真だろうからです．しかし，それを再現できるようなモデルも未確立ですので，需要は列車ダイヤによらず一定と考えます．

ところで，3 段落ほど前の文章のなかに「時刻表を事前に調査」という言葉が出てきたのを覚えていらっしゃいますか．かつて（30 年以上前）は，東京都心やその近郊のような場所で列車の時刻を事前に調べるというのは非常に難しいことでした（市販の時刻表にはこうした地域の電車の時刻は詳細には掲載されていなかったし，ほかの情報もあまりなかったのです）が，こうした地域の電車を網羅する時刻表が 1990 年代ころから発売されるようになりましたし，いまではインターネットで提供されている乗換え案内サービスなどがいくつもあり，乗客は利用区間によらず事前の時刻表調査を容易に行えるようになりました．長距離列車であれば，市販の時刻表により同様の調査は昔からふつうに行われていたはずです．このような事前調査を前提にすると，乗客の行動には若干の変化が生じます．そこで，事前調査の有無により二つの行動仮説モデル（図 1-11）を用意します．短い時間で行く，という基本的な考え方は同じですが，事前調査の有無により次のような違いが出てきます．

- 事前調査なし：乗客は時刻表を知らずに任意の時刻に出発駅に現れた後，最も早く目的駅に到着する列車を選んで乗車する．
- 事前調査あり：乗客は事前に，自分自身が目的駅に到着したいと考える任意の時刻を設定し，その時刻以前に目的駅に到着し，かつ最も遅く出発駅を出発する列車を選び，その列車に間に合うように出発駅に現れる．

この二つの行動仮説（われわれはよく前者を「F1」，後者を「F2」などと呼び習わしています）は，いずれも最も短い旅行時間で移動しようとするところは同じです．F1 は，それを出発駅に自身が現れた時刻を起点にして，時間的に後の方向に向かって考えていきます．これに対し，F2 では起点が目的駅に自身が到着したい時刻となり，そこから時間を遡る方向に向かって考えるところが違います．

①

ともかく駅に行く

②

最も早く目的地に行く
列車を調べる

(a) 事前調査なし[F1]

①

列車時刻をあらかじめ
調べる

②

駅に行って列車に乗る

(b) 事前調査あり[F2]

図 1-11　二つの行動仮説.

このため，F1 も F2 も極めて似通ったアルゴリズムによってシミュレーションを行うことができます.

では，列車ダイヤが与えられたときに，個別の乗客が利用する列車を定める方法はどのようなものでしょうか？ これには，いわゆるグラフ理論が使われます. グラフとは，「頂点」の集合と，任意の二つの頂点の間を結ぶ「辺」の集合とからなるものです. 列車ダイヤは，時空間（時間軸と空間軸とからなる多次元空間）におけるグラフとして表現できるだろう，というのは，直感的に理解していただけるのではないかと思います. 例えば，ある列車が A 駅を 10 時 0 分に出発し，B 駅に 10 時 10 分に到着するというとき，（A 駅，10：00）という頂点から（B 駅，10：10）という別な頂点までを結ぶ「辺」を一つ考えてやれば，この列車を時空間におけるグラフにて表現できたことになります. どんなに複雑な列車ダイヤも，基本的にこの表現を積み重ねていくことで全体をグラフ表現にすることができます（図 1-12).

そして，あらゆるグラフにおいて，「辺」に「長さ」を割り当てておき，グラフ上のある頂点から別な頂点までの最短経路を求める問題というのは，非常によく

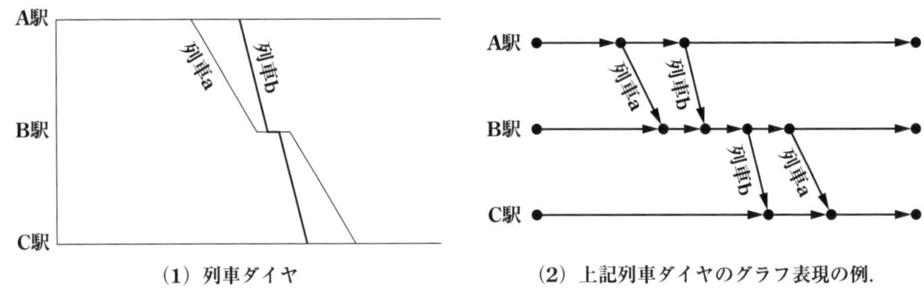

図 1-12　列車ダイヤのグラフによる表現.

出てくるグラフ理論の応用例です（身近な例では，カーナビが案内経路を求めるときも，基本的にはこの問題を解いています）．この問題を解く効率的なアルゴリズムも知られています（有名なのが「ダイクストラのアルゴリズム」もしくは「ダイクストラ法」などと呼ばれるものです）．列車ダイヤのグラフでは，辺に割り当てる「長さ」は基本的に物理的な長さではなく所要時間としておきます．このうえで，行動仮説 F1 に従う乗客であれば出発駅到着時刻に対応する頂点から各駅出口まで時間の流れに従って移動する方向に最短経路探索を行えば，その乗客の経路や乗車列車を求めることができます．また，行動仮説 F2 に従う乗客であれば到着駅到着希望時刻に対応する頂点から時間を遡る方向に最短経路探索を行えば，同様にその乗客の経路や乗車列車を求めることができるのです．これ以上の詳細については，例えば Takagi　2012 や，本書で紹介するプログラムのマニュアル（本書のサポートサイトに準備しておく予定です）などをご参照ください．

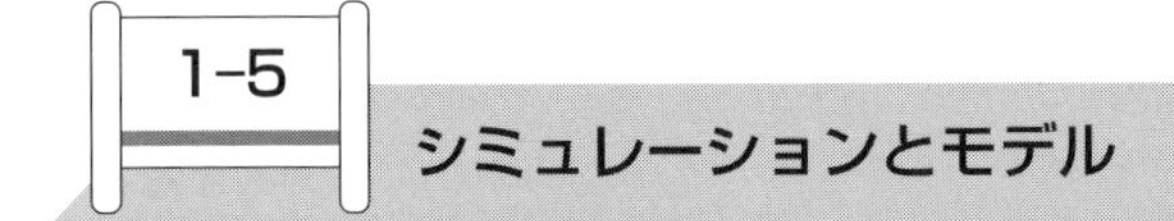

1-5 シミュレーションとモデル

さて，ここから先，本書ではシミュレーションについて議論を深めていくことになりますが，この議論においては「シミュレーションモデル」という言葉がよく出てきます．これについては多くの方が混乱を来すおそれがありますので，ここできちんとした説明をしておく必要があると思います．

モデルとかモデル化とかいう言葉は，いろいろな意味合いで使われます．例えば，最適化というのは「一般的には」解けない問題と考えられますが，なかには いくつか解法が知られている問題があります．自分が解きたい問題があるとき，うまいあてはめをすればその「解ける問題」の解き方を使って解けるかもしれません．このようなとき，解法が知られている問題のことを計算モデル，自分が解きたい問題をその計算モデルにあてはめることをモデル化，とそれぞれ呼ぶそうです（鉄道総合技術研究所 2005：55）．

別な例を挙げますと，みなさんがいわゆるブログを書こうとするときは，お手もとのパソコンなどをインターネットに接続して，いわゆる「ブラウザ」を開き，ブログサイトに接続して，用意されている新規ブログエントリーの作成機能をお使いになると思います．そうしてできたエントリーに関するデータは，ブログサイトのデータベースで管理され，さらに読者からの要求があれば見栄えよく整形のうえ送信され，それが読者のコンピュータ画面に表示されます．こうした作業をブログサイトのホストコンピュータ上で実際に行うプログラムのことを「コンテンツマネジメントシステム」と呼びますが，これをどうつくるか，という議論で MVC（Model–View–Controller）デザインパターンというのがよく出てきます．Model（モデル）はそのコンテンツ（例えばブログ）のデータ（文章とか写真とか）やその状態などの管理を行う部分，View（ビュー）が管理対象のコンテンツの外見に関する部分，Controller（コントローラ）が利用者によるマウスクリックなどに対応して管理などの動作をモデルやビューに対し指示する部分をそれぞれ指し，システムを作成するときはこれらをきちんと「分けて」プログラムを作れ，というのです（Reenskaug　1979）．

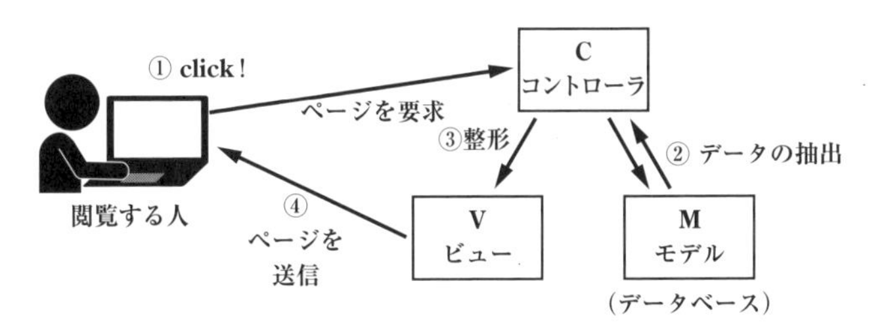

図 1-13　コンテンツマネジメントシステムの MVC デザインパターン…ページを見にきた閲覧者の要求がどのようにサーバで処理されるかを表した図．

シミュレーションモデルという言葉も，こうした「モデル」という言葉の使い方に合わせて考えていただくとわかりやすいかもしれません．

シミュレーションの対象は，なにがしか共通の構造をもっていると思われます．シミュレーションにおいては，その共通の構造を何らかの形で切り出し，コンピュータにおいて再現しようと試みます．その構造がシミュレーションモデルであり，われわれがいうモデル化とは，シミュレーションの対象からシミュレーションモデルを構築する作業のことを呼ぶ，と考えていただければと思います．

ここで，シミュレーションモデルはあくまでモデルであり，現実のものを完全に再現する必要はないことに注意してください．例えば，駅をモデル化したいというとき，駅構内のあらゆるものをすべて表現する必要は必ずしもありません．列車ダイヤに関係しそうな部分だけとっても，場合によっては「プラットホーム」という概念さえ不必要かもしれません．現実に，筆者が1996年に書いた古い「すうじっく」では，駅はモデル化されていましたが，そのモデルのなかにプラットホームという概念はありませんでした．プラットホームがないと何が困るか？ 例えば，プラットホームに列車が着いて，そこから出口までの歩行所要時間が異なる場合は困るでしょうね．あるいは，列車Aが駅に到着し，それと接続を取って列車Bが同じ駅から発車する，というような状況を記述したい場合，プラットホーム間の乗換え所要時間が異なる場合にも困るでしょう．しかし，その場合，列車ごとにそのような時間を個別に記述してやれば，プラットホームという概念がモデルになくてもとりあえずは何とかなるのです．あとは，どちらが便利かという問題（と，モデル化を行うプログラム作者の趣味！）にすぎません．プラットホームという概念がない場合，列車が多くなってくると個別にこうしたデータを記述するのはどんどん面倒になっていきます．プラットホームという概念を新たにつくり，プラットホーム間の歩行所要時間という形で記述するモデルの方が，データづくりがはるかに容易になります．そこで，本書で扱う最新版の「すうじっく」ではプラットホームという概念を入れているのです．

この例が示すように，シミュレーションモデルは対象を与えただけで必然的に出てくるものではなく，対象，シミュレーションの目的，そのほかいろいろなことを勘案してシミュレーションを行う人がつくり上げる「表現」の形ということになります．したがって，モデル化の方法もこれが唯一ということはなく，よりよい方法もおそらくいくらでもあり得ると考えられます．さらには，モデル化においてはさまざまな近似や簡略化も行われますので，それに起因する誤差なども当然あるわけで，できあがったシミュレーションモデルを用いる人はそれが設計された前提をきちんと理解しておかないと，いろいろ危ない結果を招きかねないことに注意が必要です．

また，筆者が指導する大学院生や卒論生は，ほとんどがシミュレーションに基づく研究をします（一部の学生はこの「すうじっく」を実際に使って研究成果を得ていますから，「すうじっく」はいわば最先端の現場で活躍中のモデルということになります！）．ですが，シミュレーションはシミュレーション（模擬）であって，模擬の対象となる鉄道路線をなにがしか仮定する必要が出てきます．そうすると，この研究では「○○鉄道△△線」をもとにデータをつくりシミュレーションを行った，といったことになるのですが，このとき学生たちはよく自分たちが用いたその「○○鉄道△△線」のデータのことを「モデル路線」と呼んだりします．

シミュレーションによって研究を進めると，「この路線データによりシミュレーションしたところ，提案手法で評価が倍も改善した」とかいう成果が出ても「でもそれは○○鉄道△△線での話ですよね？　一般的にはどうなんですか？」と言われてそれに十分反論できない，という問題によく突き当たります．このため，よい成果が出そうで，かつ一般性も失わないような路線データの選び方というのも研究の重要な要素であり，そのような規範性を有するといった意味で「モデル路線」という気持ちはわからなくもありません．しかし，シミュレーションモデルというときのモデルとは明らかに意味が違います．「モデル路線」はあくまでシミュレーションの「データ」にすぎないのです．

シミュレーションモデルとデータは，プログラムとその入力データの関係と簡単に理解することができますが，その切り分けですら必ずしも自明なことではありません．シミュレーションプログラムの作者は，面倒くさくなるとよく本来データであるものをプログラムのソースコード内に書き込んでしまったりしますが，そういうことだけでなく，処理の方法それ自体がデータであるような書き方も（これはプログラム作者の能力などにも依存する話でしょうが）本来可能なはずです．

そして，列車ダイヤのような大きな対象をモデル化する場合，対象を部分に分け，部分ごとにモデル化を行い，それを組み合わせる作業をするのが一般的です.「すうじっく」も同様で，そのモデルの構成はかなり複雑になっています．大きなオブジェクト構成をリストにして示すと以下のようになります.

●車両形式：車両の定員，長さなどのデータをまとめたモデル.

●速度種別：列車の所要時間に関する制約の集合の名称.

●駅：鉄道の駅のモデル．プラットホーム，駅構内乗換えのルートや所要時間などのサブモデルを含む.

●路線：列車の運行ルートとなる鉄道路線のモデル．隣接駅間を結ぶ線路のデータをサブモデルとして含む.

●スケジュールセット：列車ダイヤに関するデータをひとまとめにしたモデル．列車，編成，旅客行動・出現などのサブモデルを含む.

●評価器：評価関数・結果出力などに関するデータをまとめたモデル.

このような簡単な説明では，おそらく何のことか理解ができないかもしれませんね！ そこで，次章ではシミュレーションデータを一つ作成し，それを通じてこのモデルの構成や役割についての理解を深めていくようにしましょう.

[参考文献]

・曽根　悟　1987：新しい鉄道システム，新オーム文庫，オーム社

・Takagi　2012: “Newly developed simple railway timetable evaluation program Sujic with the new model to deal with rescheduling”, *13th International Conference on Design and Operation of Railway Engineering* (*COMPRAIL 2012*), pp. 513–520

・鉄道総合技術研究所運転システム研究室　2005：鉄道のスケジューリングアルゴリズム　コンピュータで運行計画をつくる，エヌ・ティー・エス

・Reenskaug　1979: “Models – Views – Controllers”, From “MVC – Xerox PARC 1978–79”, Reenskaug’s personal web page. http://heim.ifi.uio.no/~trygver/themes/mvc/mvc-index.html (accessed 20 August 2019).

第2章

シミュレーションの準備

第1章で説明した簡易ダイヤ評価を行うツールとして，筆者の研究室で開発・維持しているプログラムが「すうじっく」です．本章では，そのインストールの方法と，「最初のシミュレーション」の実行方法について，説明します．

2-1 「すうじっく」の概要

第1章では，列車ダイヤとその評価の基本を説明してきました．そこで説明した方法は極めて簡易なものですが，それでも特に乗客目線の評価量を求めるためにはシミュレーションという作業を含みますし，それ以外の計算も面倒です．そうなると，列車ダイヤをデータとして与えれば必要な計算を行い，結果を出力してくれるツールがあると便利です．そこで，われわれはそのようなツールを作成し，それに「すうじっく」という名前をつけて，われわれの日々の教育・研究活動において愛用しています．本節ではこのツールの歴史や，開発に利用しているプログラミング言語ないしは環境について記述しておきますが，ダイヤ評価それ自体とは必ずしも関係ありませんので，お急ぎの場合は読み飛ばしていただいてもかまいません．

2-1-1 歴　　史

第1章で説明した考え方は，基本的に曽根　1987 にて説明されているものです．その考え方に従って評価を行うツールを最初に作成したのは，1987～88年に東京大学工学部電気工学科の曽根悟教授（当時）の研究室に卒論生として在籍していた中村達也さんです．「すうじっく」というキャッチーな名前も中村さん自身がつけたものだと思います…列車ダイヤ図上で列車は線で表されますが，これを運行計画に携わる方々が「スジ」と呼び習わしていることからつけられた名前です（運行計画に携わる関係者のことを日本の鉄道業界では一般に「スジ屋」と呼ぶことも知られています）．ちなみに中村さんは修士課程修了後に西日本旅客鉄道株式会社に移り，その直後に列車ダイヤ作成支援システムの開発に従事しますが（中村・寺村　1994），そのシステムの名前はSUJICS（スジックス）でした！

1980年代の終わりころ，日本の大学研究室でもっとも一般的なPCといえばNECのPC–9801系列のパソコンやその互換機でした（以下NEC機と呼びましょう）．中村さんの最初の「すうじっく」も，NEC機で動くプログラムとして作ら

図2–1　1995年のある日の曽根研究室コンピュータルーム．２人の人物が使用しているコンピュータはSun Microsystems社製のいわゆる「ワークステーション」．雑然としている感じが研究室らしい，でしょうか….

図2–2　左は，2019年現在の東京大学工学部３号館．低層部分の外観は1990年代の建物とそっくりなのだが，驚いたことに一度取り壊した後，作り直されたもの．かつての曽根研は，古い建物の４階にあった．右は現在の「すうじっく」開発の拠点，工学院大学新宿キャンパス．大学高層建築の先駆けとされる．

れ，その後10年程度の間，曽根教授研究室でさまざまな研究に便利に使われてきました．

その後，UNIX オペレーティングシステムが稼働し，NEC 機などより大規模な計算が可能なエンジニアリングワークステーションが研究室に導入される一方，国内仕様の NEC 機が IBM PC/AT 互換機（一般に DOS/V パソコンと呼ばれますね）の普及で次第にマイナーな存在になってきました．そこで，1996 年に「すうじっく」を利用した講義をすることになったのを契機に筆者が UNIX ワークステーションで走る「すうじっく」を新たに作りました．2007 年からは再び全面的なプログラムの書換えを行い，処理の高速化などを図っています．また，本書を執筆するのに合わせ，いわゆるフロントエンドツールも製作しました．

2-1-2 Pascal と C++

1987 年の最初の「すうじっく」は，NEC 機で走る Turbo Pascal という Pascal 言語の統合開発環境を用いて書かれています．よく知られているように，Pascal プログラミング言語は初期の構造化プログラミング言語の一つで，当時学校などでよく用いられていたものです．NEC 機などは大規模な計算をするには能力が不足していましたが，列車ダイヤの簡易評価のようなちょっとした計算なら十分こなすことができました．また，現在の GUI（GUI とは Graphical User Interface の略）の基盤であるウィンドウシステムよりはるかに低レベルなものですが，640×400 ドットの専用ディスプレイに文字や点・線を描画する機能もあったので，それを使って列車ダイヤ図の描画などを行う機能も備えていました．当時は当然のようにそういう機能を利用したプログラムを書いたものですが，この低レベルな描画機能というのはプログラムを別な環境に移植しようとなったとき問題を生じます．特に，1990 年代後半からは，PC といえば NEC 機ではなく DOS/V パソコンを意味するようになっていましたから，プログラムの書換えというのがそのころには現実的な課題として浮上することになりました．

それはちょうど筆者が C++ というプログラミング言語を使った鉄道の直流電力供給網（直流き電回路といいます）の解析ツール RTSS を完成させ，それを用いた研究によって博士論文（高木　1995）を書き上げたころにあたります．C++ は，当時まだ新しいプログラミング言語でしたが，オブジェクト指向プログラミングができて，なおかつ当時もいまも広く用いられるC言語との互換性があることがウリで，急速に支持を広げていた頃だったと思います．筆者も研究室の先輩からの勧めでこの言語を使うようになりました．利用開始直後は，主に利用していたフリーソフトウェアのコンパイラ g++ が，完成度が低いうえに最新の C++ の規格への対応遅れなどがあって苦労したものの，言語自体の人気の高まりに加えてオブジェクト指向という考え方と鉄道のシミュレーションという目的との相性のよさも実感され，結果的には非常によい選択だったと当時を振り返って思います．そこで，1996年に書いた「すうじっく」の新たなバージョンも，当然のようにこの C++ を利用しました．本書で取り上げるのは 2010年ころから開発を進めてきた最新バージョンですが，この点は同様です．

なお，C++ の利用により移植性の高いプログラムとすることができましたが，Pascal により書かれたオリジナルバージョンのものがもっていた描画機能は，多少残念でしたがあえて取り込まないことにしました．これにより移植性は向上したと考えられます．描画については，必要なツールを別に用意するなどの工夫を個別にしていただくことで対応可能と考え，あえてこのような「割り切り」を当時はしました．しかし，入出力ファイルは単なるテキストファイルで，残念ながら大変わかりにくいものになってしまいました．

本書が扱う「すうじっく」プログラムはC++で書かれており，そのソースコードも本書のサポートサイトで公開いたします．ですが，プログラムを読んでどのような処理が行われているかみてみたい，といったご要望がない場合，Microsoft Windows が走るふつうのパソコンをご用意いただければ，本書のサポートサイトで配布する実行可能形式ファイル（バイナリファイル）をダウンロードし，実行していただければ十分と思われます．それでも，開発環境をご用意いただき，プログラムの若干の書換えに挑戦していただけるなら，さらに理解は深まるだろうと思います．

2-1-3　Ruby による入力支援ツール

前節で述べた「割り切り」の結果，この C++ による「すうじっく」は，テキストファイル（最新のバージョンのものはいわゆる XML と呼ばれるファイル形式のもの）を入力データファイルとして読み取り，シミュレーションや評価をするようになっています．入力ファイルの形式は「すうじっく」がさまざまな形の路線のさまざまな列車ダイヤの評価に利用可能となるよう設計してあります．しかし，入力された列車ダイヤを図として描画するような機能はありませんし，柔軟性が高いぶん入力ファイルの作成もかなり面倒です．そこで，今回このデータファイルの作成などを補助するフロントエンド（FE）ツールを追加で作成することにしました．

どのようにこれを作ろうか，といろいろ考えましたが，結局 Ruby と呼ばれるプログラミング言語を使うことにしました．このプログラミング言語は「スクリプト言語」と呼ばれるものの一種で，プログラムを実行するときは人間が書いたプログラムをまず「インタプリタ」と呼ばれるものが解釈し，コンピュータの CPU が直接実行できる命令群にそのつど変換して実行します．C++ などでは，事前に「コンパイラ」によりその「コンピュータの CPU が直接実行できる形式」のバイナリファイルに変換しておく，コンパイルという操作が必要となります．一般的に，Ruby のようなスクリプト言語は C++ のようなコンパイラを利用する言語に比べてプログラムの実行は遅くなりますが，コンパイル操作なしにプログラムの試運転ができるためプログラム開発が手早く行えるとされています．Ruby は，スクリプト言語のなかで比較的良質な GUI ツールキットが標準的な開発環境に含まれているようだったので（前田ほか　2002．実はこのあたりの事情がプログラム開発・本書執筆の期間中にかなり大きく変動したりもしたのですが！），これを使ってみることにしました．ちなみに，実行速度が遅いことについては，この種の GUI ツールはコンピュータと人間が「にらめっこ」しながら作業を進めるので，人間側の処理のほうがふつうはコンピュータのそれよりはるかに遅いわけですから，あまり問題にならないようです．

Ruby で作成したこの入力支援ツールによって入力データファイルを作成し，C++ の「すうじっく」本体を呼び出し，結果を得る，というプログラム構成とすることにしました．スクリプト言語としての性質上，Ruby のインタプリタが入力支援ツールの実行のため必要となりますので，利用する方は Ruby の環境を入手し，インストールしておかなければなりません．

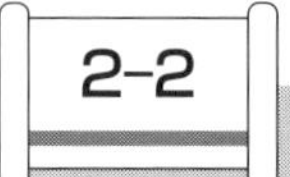

2-2 必要なソフトウェアのインストール

では，まず必要となるソフトウェアのインストールの手順からご説明しましょう．必要なソフトとは，インタプリタをはじめとするRubyの開発・実行環境，「すうじっく」環境セット（評価プログラムのバイナリファイルおよびGUIフロントエンドスクリプト），およびいくつかのデータファイル群です．

なお，以下の記述においては，Microsoft Windows 10（64 bit版）オペレーティングシステムが走るパソコンで作業を行うことを前提にします．

2-2-1 Rubyインタプリタのインストール

まずはRubyのインタプリタからインストールしていきましょう．Rubyインタプリタを Microsoft Windows 環境に導入するにはいくつかの方法がありますが，RubyInstallerと呼ばれるものをダウンロードし，これを用いてインストールするのがいちばんお手軽なようですから，この方法について説明します．

RubyInstallerは，http://rubyinstaller.org/というURIのWebサイトからダウンロードすることができます．ブラウザでこのサイトにアクセスしますと，トップページにDownloadというボタンが見えます．このボタンをクリックしていただくとダウンロードのページ（URIは http://rubyinstaller.org/downloads/）に飛びます．

このページのRubyInstallersというセクションの下に，いくつかのインストーラへのリンクがあります（図2-3）．

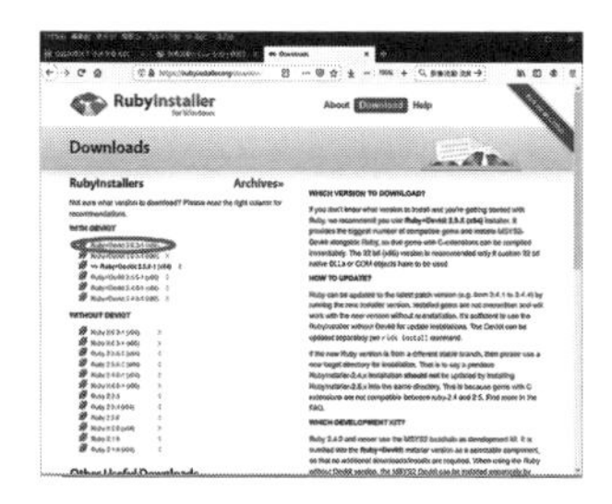

図2-3　RubyInstallerのダウンロードページ（本書執筆時点）．2.6.xが開発に使用しているもの．64 bit版Windowsをご使用なら，マル（○）で囲ったリンクを選び，それをクリックすれば，ダウンロードが開始されます．

本書執筆時点では，Ruby 2.4.2-2を開発に使用しています（方針としては最新のものを利用するように心がけています）．バージョン番号が2.6.xとあるものを選ばれればよいと思います．同一のバージョン番号のものが二つずつあり，一方にのみ（x64）と記されていますが，（x64）とあるものはお使いのパソコンにインストールされているMicrosoft Windowsが64 bit版であるときのみ利用可能ということです．64 bit版Windowsであればおそらくどちらをインストールしても動くと思いますが，（x64）とあるほうを使う方がよいでしょう．

ダウンロードしたファイルを起動しますと，インストーラが立ち上がり，英文で表示が出て，使用許諾契約書への同意を求められます．これに同意（I accept云々とあるほうのボタンをクリック）しますと，「インストール先とオプションの指定」というウィンドウが現れます（図2-4）．

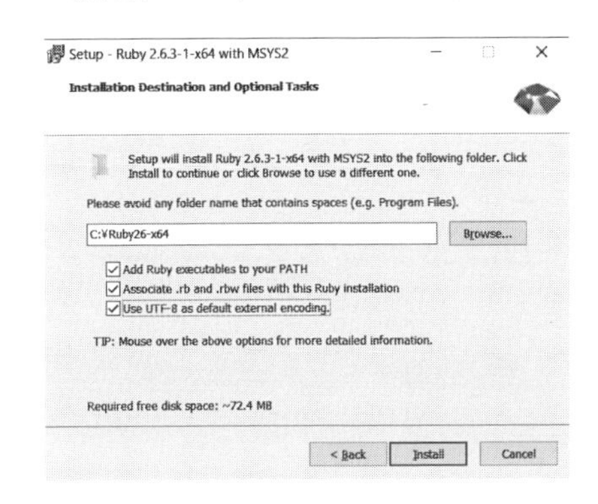

図2-4　Rubyインタプリタのインストール先とオプション設定のウィンドウ．オプションはすべて選択した後，「Install」（インストール）ボタンをクリック．

三つのオプション，すなわち“Add Ruby executables to your PATH”（Rubyの実行ファイルへ環境変数PATHを設定する），“Associate .rb and .rbw files with this Ruby installation”（.rbと.rbwファイルをRubyに関連づける）および“Use UTF-8 as default external encoding”（デフォルト外部文字エンコーディングとしてUTF-8を使用する）については，必ずこれらのオプションの冒頭の□をマウスでクリックし，☑という状態（選択された状態）に変更してください（これが最初から☑になっていれば，変更する必要はありません）．その後，ウィンドウの下方にある「Install」（インストール）というボタンをクリックし，インストールを開始してください．

インストールが完了しますと，図2-5のような表示が出て作業の終了を知らせ

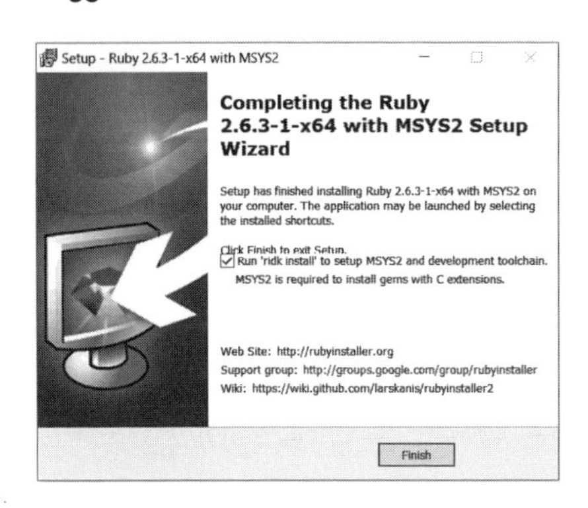

図 2–5　Ruby インタプリタのインストール完了を示すウィンドウ．オプションを選択した後，「Finish」（終了）ボタンをクリックすると，この後 MSYS2 ツール群のインストール作業が引き続き行われます．

てくれます．この際，“Run 'ridk install' to install MSYS2 and development toolchain. / MSYS2 is required to install gems with C extensions.”（'ridk install' というコマンドを実行し，MSYS2 およびその開発ツール群をインストールする．MSYS2 は C 言語拡張のある gem ライブラリのインストールの際必要となる）とあるオプションが選択された状態（冒頭に☑と表示された状態）になっていると思われます．そこで，このままにして，「Finish」（終了）というボタンをクリックしますと，これに引き続いて MSYS2 と呼ばれる環境のインストールが行われます．

「Finish」ボタンが押され，図 2–5 のウィンドウが消えますと，直後に MSYS2 環境のインストールのためのコンソールウィンドウが起動します．ここにおいては，基本的に何か問われたら「リターンキー」を押して応えるようにしていただきますと，MSYS2 の必要な環境がインストールされます．

なお，「すうじっく」のソースコードのコンパイルができる環境を本格的にインストールしたい場合は，MSYS2 のインストールを Ruby のインストールより前に行い，図 2–5 の “Run 'ridk install' to …” というオプションは選択せず（オプションの冒頭に☑という表示がなされている場合にはそれをマウスでクリックし，表示が□という状態にして），「Finish」を押していただければ，と思います．その場合は，Ruby のインストール終了後に MSYS2 のインストールは行われず，すでに自分でインストールしたものがそのまま後の作業で使われるようになります．これ以上の詳細については，本書のサポートサイト（オーム社 HP：https://www.ohmsha.co.jp より本書を検索）に公開する情報をご覧ください．

2-2-2 Ruby gettext パッケージおよび Ruby tk パッケージのインストール

次いで，Ruby の追加ライブラリのパッケージのうち本書が必要とする gettext および tk をインストールします．これには，2-2-1 で Ruby とともにインストールされている gem というパッケージ管理コマンドを使います．

Ruby インタプリタのインストールが完了しますと，スタートメニューに「Ruby 2.6.3-1-…」という項目が現れるでしょう．この項目内に子項目として "Start Command Prompt with Ruby"（Ruby コマンドプロンプトを開く）というのがありますので，これを選択・実行してください．"Start Command Prompt with Ruby" という，そのままの名称のウィンドウが開かれるはずです．

ここにおいて，まず

```
gem install gettext
```

と入力し，リターンキーを押してください．パソコンがインターネットに正しく接続されている状態であれば，自動的に gettext パッケージのダウンロードとインストールが完了するはずです（図 2-6）．

引き続き，gettext の際と同様に

```
gem install tk
```

と入力し，リターンキーを押してください．パソコンがインターネットに正しく接続されている状態であれば，自動的に tk パッケージとそれに必要なファイル群もインストールされます．

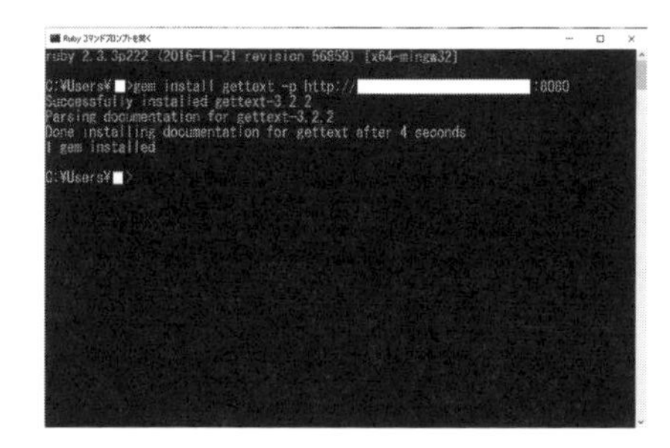

図 2-6 Ruby gettext パッケージのインストール．画面は本書執筆時点の手もとの環境におけるもの．なお，インターネット接続において外部との接続をプロキシサーバ経由で行っている環境では，この図のように -p オプションでプロキシサーバの名称などを与えてやる必要があります．プロキシサーバ経由のインストールの詳細については，本書サポートサイトの情報も参照のこと．

2-2-3 「すうじっく」のインストール

最後に，「すうじっく」のインストールを行います．

「すうじっく」関係のプログラム，およびいくつかのデータファイルは，すべて本書のサポートサイトからダウンロードできます．本書サポートサイトから，「ファイル群のダウンロード」とあるリンクをたどり，その指示に従って Sujic-Book.zip というファイルをダウンロードします．

ダウンロードしたら，このファイルのアイコン（図 2-7）をダブルクリックして開いてください．そうすると，中に Sujic-Book というフォルダが見えますので，このフォルダをコピー・アンド・ペースト（図 2-8 参照）によって C:¥ の直下に移してください．これで，C:¥Sujic-Book というフォルダが作成されることになります．

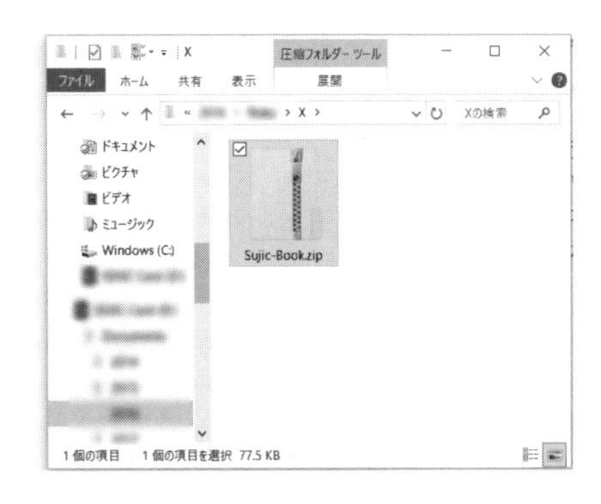

図 2-7　ダウンロードしたファイルはこんなアイコンで見えています．これをダブルクリックすると図 2-8 のアイコンが現れます．

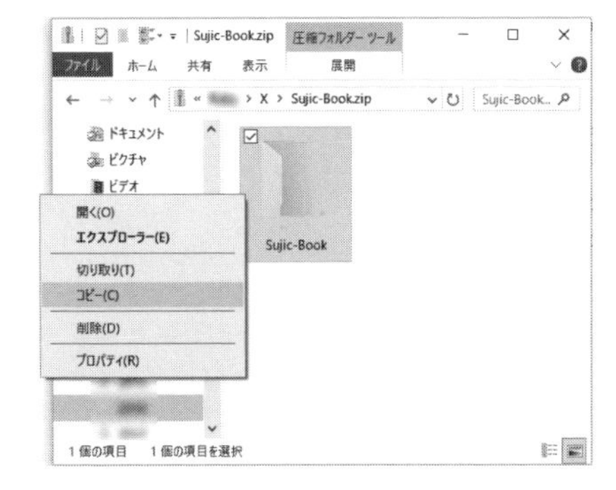

図 2-8　図 2-7 のアイコンをダブルクリックすると，Sujic-Book フォルダのアイコンが現れますが，本図はそれを「右クリック」してメニューを表示させた状態のもの．このメニューから「コピー」を選び，その直後に C:¥ フォルダを表示し，そこで「貼り付け」（ペースト）を行うと，このフォルダとその中のファイル群がすべて C:¥Sujic-Book というフォルダにコピーされます．

これで，「すうじっく」のインストールが完了しました．

2-2-4 テスト

ここまで終了したら，うまくインストールができているか試してみましょう．

まず，C:¥Sujic-Book フォルダを開きます．そうすると，中にはいくつかのサブフォルダのアイコンがありますので，その中から Executables という名前のフォルダを選んでダブルクリックし，中身を見てください．この中から SujicFE.rb というファイルを選び，ダブルクリックしてみてください．うまくいっていれば，図 2-9 のようなウィンドウがポップアップしてくるのではないでしょうか．

小さいですね！ しかも飾りっ気がない…．まあ，その辺は我慢していただきまして（字が小さめなので必要な方は老眼鏡などご用意ください！），このウィンドウのことを「すうじっく FE 初期ウィンドウ」または単に初期ウィンドウと呼ぶことにします．

そして，初期ウィンドウの下から 2 番目にある横長の「このプログラムについて」というボタンをマウスでクリックしてみてください．そうすると，図 2-8 のようなメッセージがポップアップしてくると思います．

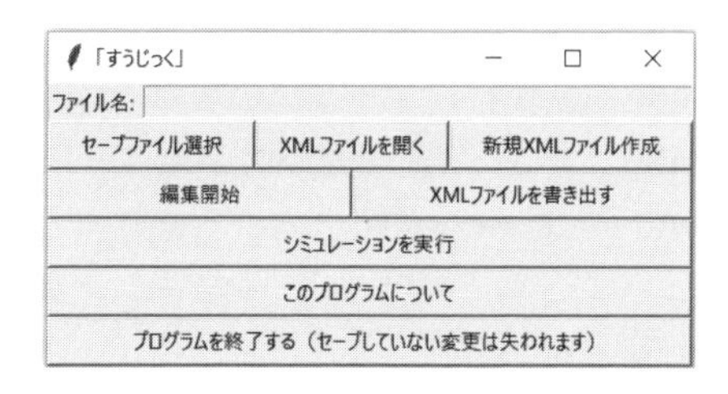

図 2-9 「すうじっく」FE（FE はフロントエンドツールの意味）の初期ウィンドウ．

図 2-10 「このプログラムについて」ボタンを押すと現れるメッセージボックス．

これが出てきたなら，とりあえず「すうじっく」FEが動くことは確認できました．

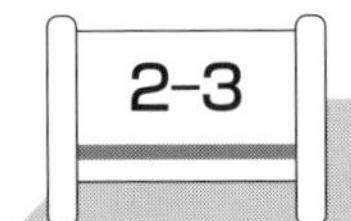

2-3 さっそく動かしてみる

さあ，ここまできたら，さっそくシミュレーションをやってみたい，と，はやる気持ちがでてきたかもしれませんね．しかし，そうはいかないのがシミュレーションの難しいところです．

「はじめに」でも書きましたが，どのようなモデルなのか，どういう前提を置いているのか，といったことを熟知することなしに，シミュレーションの結果得られる数値だけを見て議論を進めることは，非常に危険です．「すうじっく」で行うシミュレーションも，簡易とはいえ多くの条件を設定しなければなりません．そして，入力ファイル作成を補助してくれるGUIツールがあるからには，それをいちど動かしてみるのがその全体像を理解する早道になるのです．一歩一歩，進めていきましょう．

2-3-1 シミュレーション条件

まずはこんな「超」単純な架空路線R線を考えます．路線は複線，駅は3か所（A駅・B駅・C駅）とします．路線の方向は，A駅からC駅に向かう方が「下り」，逆が「上り」とします．駅間距離は1 kmずつとしましょう．全駅とも2本の発着線があります．A駅・C駅では，それぞれ駅手前に「渡り線」があり，列車はどちらの発着線へも到着できますし，どちらの発着線からも出発できます．B駅はそうではなく，ある番線は下り列車専用，それとは別な番線は上り列車専用となります．

列車ダイヤは図2-11に示すように，各駅停車列車（列車名は「各停」）がA駅からC駅まで走るもの．列車ダイヤは周期的で，周期は240秒としましょう（列車は1時間当たり15本走る計算になります）．そして，当面はA駅からC駅まで，下りの1方向のみを考えることにしましょう．したがって，データは作りますが上り線のほうはシミュレーションでは使いません．

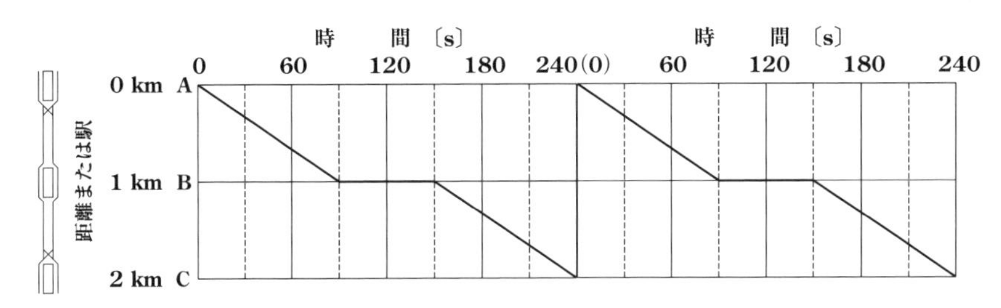

図 2-11 シミュレーション条件．扱う路線 R 線の，配線図を含めた列車ダイヤ図．

表 2-1 シミュレーション条件：OD 表（単位：人/h）．

発 駅 ＼ 着 駅	B	C
A	2 000	4 000
B	—	2 000

1-3-2 項で述べたように，シミュレーションでは輸送需要について一定とみて評価を行うことになっていました．輸送需要は一般に「OD 表」の形で与えます．これは表 2-1 のように行列形式になっており，各要素は発駅（英語で origin または originating station）から着駅（英語で destination（station））までの間を旅行する人が時間当たり何名いるかを数値で表します．OD 表の名称も，この origin および destination という英語から来ています．

OD 表は，発駅・着駅の組合せごとに数字を与えます．A 駅から B 駅までの間を旅行する人の数（表 2-1 によれば 1 時間当たり 2 000 人となっています）のことを，A 駅から B 駅までの OD 需要とか，単に OD とか呼びます．

いま，鉄道路線を 1 本の直線とみるとともに，その直線に垂直な面を考え，直線とその面とが路線上のある点で交わると考えます．その点を含む区間を利用する乗客は，すべてその面のこちら側からあちら側の（もしくはその逆の）向きに，この面を通過していくことになります．このようなイメージから，ある点における当該路線の乗客数を「断面輸送量」と呼びます．表 2-1 のような OD 表を図 2-11 の路線について与えてしまうと，断面輸送量は図 2-12 に示すように，A 駅から C 駅までの全区間にわたり 6 000 人/h で同一となってしまいますが，そのうち 4 000 人/h は A 駅から C 駅まで乗り通す乗客，あとの 2 000 人は B 駅で入れ換わる，という形になります．

利用する車両は1種類のみで，以下のような諸元をもっているとしましょう．

●形式名：1000形

●編成両数：3両

●編成長：60 m

●編成当たり座席定員：150名

●編成当たり総定員：450名

以上の条件をすべて入力して，初めてシミュレーションが可能になります．さあ，順を追ってご説明しましょう．

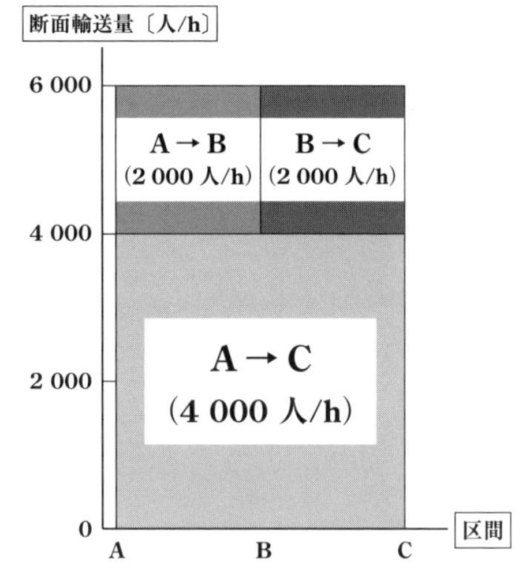

図2-12　R線の区間ごとの断面輸送量．

2-3-2　はじめの一歩

ここからは，行うべき作業を一つずつ説明してゆきます．

【作業1】まず，2-2-4項で行ったのと同様のやり方で，「すうじっく」フロントエンドツールを起動します．

図2-9のような小さな初期ウィンドウが現れたでしょうか？　この画面において，先ほどとは違うボタンを押す（正確には「マウスでクリックする」）などして，作業を進めていくことになります．

【作業2】「セーブファイル選択」というボタンをクリックします．

すると，MS Windowsの他のアプリケーションでもよく見かける，ファイル名選択ダイアログがポップアップします．初めて起動するときは，おそらくSujicFE.rbがあるのと同じフォルダ（すなわちC：¥Sujic-Book¥Executablesフォルダ）の中身がこのダイアログに表示されていると思います．

【作業3】作業2でポップアップしたファイル名選択ダイアログにおいて，当初表示されているフォルダからC:¥Sujic-Book¥datafilesというフォルダに移ります．

【作業4】このdatafilesフォルダにいま現在「存在しない」ファイル名を入力し，

OK ボタンをクリックします.

本書の記述に従ってここまでの作業を進めている場合，datafiles フォルダはこの時点では空のはずです．以下では，ここで first.xml というファイル名を入力したと仮定して，話を進めます.

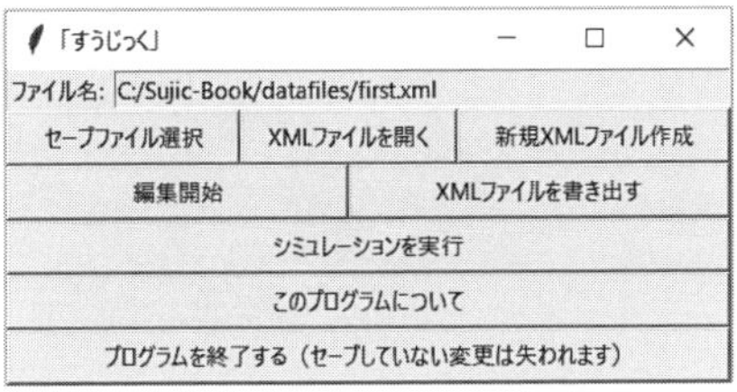

ここまでの作業が済むと，メインウィンドウは図 2–13 のようになっています．一番上の「ファイル名」を表示する欄に，先ほど入力したファイル名が表示されていることを確認してください.

図 2–13 「すうじっく」初期ウィンドウの一番上の欄に，入力したファイル名が表示されている状態.

ここまでの作業を行っただけでは，この first.xml というファイルは生成されません．実際にファイルが生成されるのは，一連の入力作業後に「XML ファイルを書き出す」とあるボタンをクリックしたときです.

作業を続けましょう.

【作業 5】「新規 XML ファイル作成」というボタンをクリックします.

こうしますと，プログラム内に用意されている「新規ファイルのひな形」がコンピュータのメモリ上に取り込まれます．続いて…

【作業 6】「編集開始」というボタンをクリックします.

こうしますと，図 2–14 のように新たなウィンドウがポップアップしてきます．これが編集ウィンドウです.

この編集ウィンドウには，「車両」「インフラ」「ダイヤ」「需要」「評価」という複数のタブがありますので，試しに一つずつクリックしてみてください．「車両」「インフラ」タブの中には子タブが二つずつ（「車両」の下に「車両形式」と「速度種別」，「インフラ」の下には「駅」と「路線」があります）あります．こうしたほとんどのタブもしくは子タブには，全要素のリストを表示する「リストボックス」が配置されていますが，まだほとんど空のはずです．新しいファイルですから当然ですが，これからここを一つずつ「埋めて」ゆくことになるわけです.

1–5 節ですでにリストアップした以下のすべてのモデルについて，必要な数だけデータを記述していく必要があります．なかなか大変です！

図 2-14　編集ウィンドウ.「編集開始」ボタンの下の白いスペースが，空のリストボックス.

- 車両関連のデータ
  - 車両形式：車両の定員，長さなどのデータをまとめたモデル.
  - 速度種別：列車の所要時間に関する制約の集合の名称.
- インフラ関連のデータ
  - 駅：鉄道の駅のモデル．プラットホーム，駅構内乗換えのルートや所要時間などのサブモデルを含む.
  - 路線：列車の運行ルートとなる鉄道路線のモデル．隣接駅間を結ぶ線路のデータをサブモデルとして含む.
- スケジュールセット：列車ダイヤに関するデータをひとまとめにしたモデル．列車および編成のサブモデルを含む.
- 需要関連のデータ：旅客やその行動に関するデータ群．旅客行動モデル・旅客出現モデルなどのサブモデルを含む.
- 評価器：評価関数・結果出力などに関するデータをまとめたモデル.

2-3-3　車両形式データの入力

まず，車両形式データを入力します．複数の車両形式を混在させてシミュレーションすることもできますが，今回は１形式だけ入力すれば足ります.

さて，車両形式とは何でしょうか？　鉄道に造詣の深い方であればすぐ「車両の諸元」というお答えが返ってくるものと思います．このプログラムでもその理解でおおむね正しいのですが，このプログラムにおけるそれはより正確には「編成形式」というべきかもしれません．一般的な意味での車両形式が同一でも，編成両数が異なるものが混在している場合，このプログラムのデータとしては異なるデータ項目としていただく必要があるからです．しかし，今回は編成両数も1種類だけですからそのような必要もありません．

では，順次作業していきましょう．

【作業 1】編集ウィンドウのタブ「車両」をクリックします．

【作業 2】編集ウィンドウ内に現れている子タブのうち「車両形式」をクリックし，車両形式リスト（空ですが）が表示された状態にします．

【作業 3】タブのすぐ下にある「作業を選んでください」というボタン群（ラジオボタン．どれか一つ選べる）のうち「新規」が選ばれていることを確認し（他のボタンはそもそも選択が不可能な状態になっています），「編集開始」というボタンをクリックします．

こうしますと，車両形式編集ウィンドウ（図2-15）がポップアップしてきます．

図 2-15 車両形式編集ウィンドウ．

【作業 4】2-3-1 項に書かれている車両の諸元をすべて，車両形式編集ウィンドウ内にキーボードから入力します．

【作業 5】入力が終わったら，「OK --- 変更を反映し，ウィンドウを閉じる」というボタンをクリックします．

すると，車両形式編集ウィンドウは消えて，先ほどの編集ウィンドウに戻りますが，車両形式リストボックスの中に「1000 形」という項目が追加された（図 2-16）ことがわかります！

図 2-16　車両形式編集ウィンドウから戻った直後の編集ウィンドウ．リストボックスに「1000 形」という形式データが追加されています．

2-3-4　速度種別データの入力

引き続き，「速度種別」データの入力をしていきます．

速度種別とは何でしょうか？　ある形式の車両により編成された列車が，ある駅からその隣接駅まで走行するのに要する時間には，当然ながら最短値があり，運行計画上の所要時間がこの値を下回れば列車は遅れざるを得なくなります（上回っているぶんには，列車がゆっくり走ればおおむね問題ないはずです）．そこで，このような時間に若干の余裕を加え，運行計画の作成において利用します（例えばJRではこの時間のことを「基準運転時分」と呼んでいます）．ところが，列車を構成する車両の形式が変われば，この時間の長さも変わる可能性がありますね．そこで，速度種別という概念を導入し，利用する車両の種類や想定される列車の荷重などに応じて異なる時間データを選択して運行計画に利用する，といったことが実際に行われます．このプログラムでも，時間データの集合を速度種別ごとに一つずつ，すなわち複数もてるようにしてあります．こうすれば，特急列車と普通列車，あるいは同じ特急でも振子車と非振子車など，所要時間の違う列車群によりよく対応できるようになると考えられます．しかし，いまシミュレーションしたいのは単純なダイヤなので，速度種別は一つだけ定義すれば足ります．

作業を進めていきましょう．

【作業 1】2-3-3 項の作業 5 が終わり，編集ウィンドウのタブ「車両形式」が引き続き選択されている状態であることを確認したうえで，今度は同ウィンドウ内の子タブのうち「速度種別」をクリックし，空の速度種別リストが表示された状態にします（図 2-17）．

図 2-17 編集ウィンドウの「速度種別」タブをクリックした直後のようす．リストボックスは例によって空．

【作業 2】タブのすぐ下にある「作業を選んでください」ラジオボタン群のうち「新規」が選ばれていることを確認し，「編集開始」ボタンをクリックします．

こうしますと，「速度種別編集ウィンドウ」がポップアップしてきます．

【作業 3】速度種別編集ウィンドウにおいて「一般」タブをクリックして開きます．

【作業 4】速度種別編集ウィンドウ内の「速度種別名：」欄に名称を入力します（図 2-18）．

以下では，この速度種別の名称として「SC」と入力したものとしましょう．

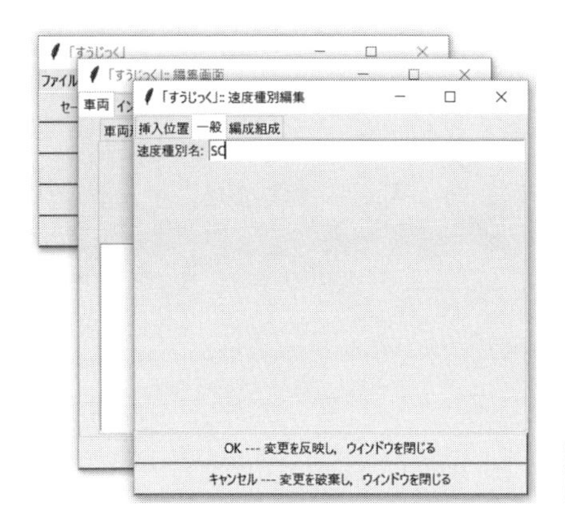

図 2-18　速度種別編集ウィンドウにおいて「速度種別名」を入力した直後のようす.

【作業 5】速度種別編集ウィンドウの「編成組成」タブをクリックして開きます.

こうしますと，ウィンドウには空の「編成組成リストボックス」が現れます(図 2-19).

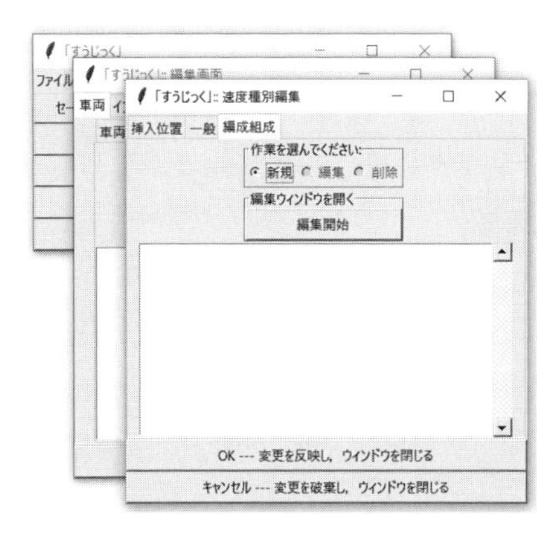

図 2-19　速度種別編集ウィンドウにおいて「編成組成」タブをクリックした直後．編成組成リストボックスは空.

ちなみに，「編成組成」という言葉は一般的には全く通じない用語です．ただ，この「速度種別」を定義する際,「編成」を組合せたものに名前をつける必要が生じたのです．英語では「編成」は trainset なので，プログラムのソースコードなどの上では coupled trainsets と書いています．それを無理矢理この日本語にしてみました…が，変ですね….

【作業 6】速度種別編集ウィンドウに表示されている「作業を選んでください」ラジオボタン群のうち「新規」が選ばれていることを確認し，「編集開始」ボタンをクリックします.

こうしますと，新しいウィンドウがまた一つポップアップしてきます（図 2-20）. これは「編成組成編集ウィンドウ」です. 編成組成編集ウィンドウにも空のリストボックスがありますが，このリストボックス内には車両形式リストから項目を選んできて連結順に並べていく作業をします. 同一形式の編成を 2 本併結する場合などにも対応できるよう，同じ項目を複数回選んでもよいことになっています. しかし，今回は 2-3-3 項で作成した「1000 形」を 1 回だけ選んでリストに追加すれば足ります.

図 2-20　編成組成編集ウィンドウ.

【作業 7】編成組成編集ウィンドウの「作業を選んでください」ラジオボタン群のうち「新規」が選ばれていることを確認し，「編集開始」ボタンをクリックします.

すると，ラジオボタンなどがいくつか表示された小さなウィンドウ（「編成組成向け車両形式選択ウィンドウ」と呼んでいます）がポップアップしてきます（図 2-21）.

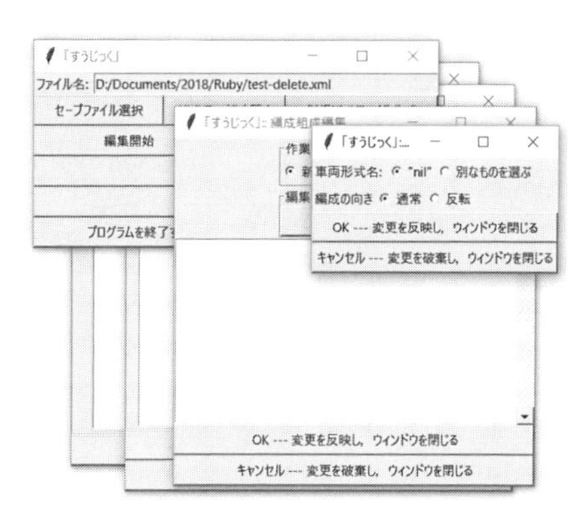

図 2-21　「編成組成向け車両形式選択ウィンドウ」という小さいウィンドウがポップアップしてきました.

【作業 8】編成組成向け車両形式選択ウィンドウにおいて，「編成の向き:」という項目のラジオボタンのうち「通常」が選択されていることを確認し，「車両形式名:」という項目のラジオボタンのうち「別なものを選ぶ」をクリックします．

すると，車両形式のリストボックスを含む「一要素選択ウィンドウ」がポップアップしてきます（図 2–22）．

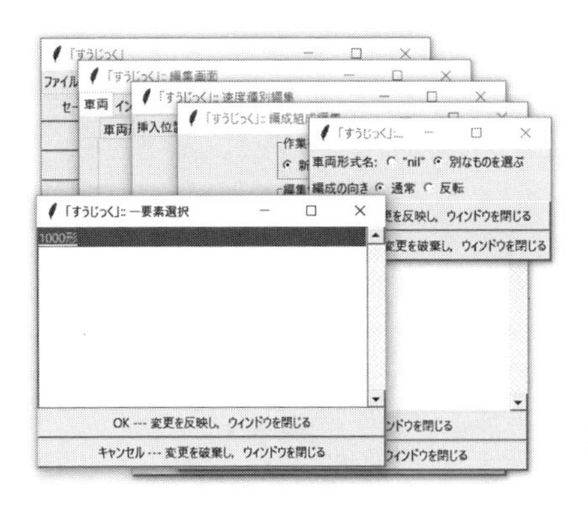

図 2–22　車両形式を選ぶ「一要素選択ウィンドウ」．「1000 形」を選びます．

【作業 9】一要素選択ウィンドウにある車両形式リストボックスの中から「1000 形」をクリックして選択し，ウィンドウ下部にある「OK --- 変更を反映し，ウィンドウを閉じる」ボタンをクリックします．

こうすると，一要素選択ウィンドウが閉じられるとともに，編成組成向け車両形式選択ウィンドウの「車両形式名:」とあるところのラジオボタンに「1000 形」と表示されるようになっています（図 2–23）．

図 2–23　一要素選択ウィンドウから編成組成向け車両形式選択ウィンドウに戻ってきたところ．「車両形式名:」のわきのラジオボタンのところに，選択した「1000 形」という文字が表示されています．

【作業 10】編成組成向け車両形式選択ウィンドウにおいて，ウィンドウの下部にある「OK --- 変更を反映し，ウィンドウを閉じる」ボタンをクリックします．次いで，編成組成編集ウィンドウにおいても同様の操作をします．

これで，編成組成向け車両形式選択ウィンドウ，編成組成編集ウィンドウの両方とも閉じられます．速度種別編集ウィンドウにある編成リストボックスに，「1000 形/f」とある項目が追加されていると思います（図 2–24）．「/f」は，編成の向きを表す記号です．

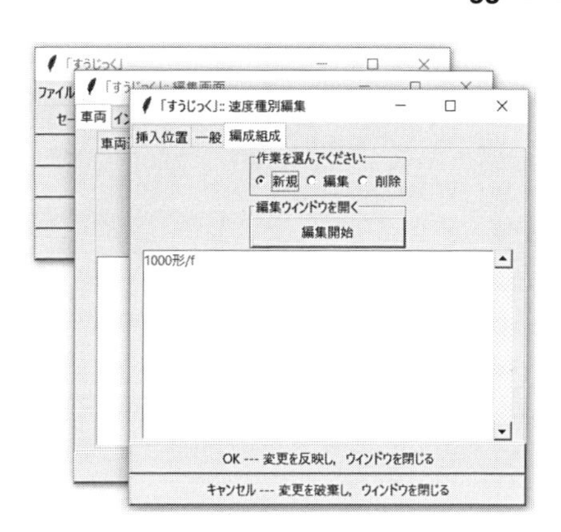

図 2–24　速度種別編集ウィンドウに戻ってきたところ．「1000 形/f」がリストボックスに現れています．

【作業 11】速度種別編集ウィンドウの下部にある「OK --- 変更を反映し，ウィンドウを閉じる」ボタンをクリックします．

これで，速度種別編集ウィンドウが閉じられます．編集ウィンドウに表示されている速度種別リストボックスに速度種別 SC が追加されていれば作業完了です（図 2–25）．

図 2–25　編集ウィンドウに戻ってきたところ．速度種別リストボックスに「SC」が追加されました．

2-3-5　駅データの入力

引き続き，駅データの入力をしていきます．

駅データは，プラットホーム，複数プラットホーム間あるいはプラットホームと出入口との間の移動時間，列車の駅構内入換ルートや駅の外の線路とのつながり方など，本来非常に複雑な中身を含み得ます．しかし，それを全部いちいち入れていくとたいへんなので，「ひな形」をいくつか用意してあります．今回はそれを利用することにします．

また，今回入力すべき駅は3駅（名称はA，BおよびCの各駅）あります．2-3-1節のシミュレーション条件，なかでも特に図2-11に記載されている内容を，ここで復習してください．

【作業1】編集ウィンドウのタブ「インフラ」をクリックし，同ウィンドウ内に新たに表示された子タブのうち「駅」をクリックし，空の駅リストが表示された状態にします（図2-26）．

図2-26　編集ウィンドウの「インフラ」タブをクリックしたところ．例によって空のリストボックスがあります．「駅」「路線」の二つの子タブがありますが，もし「駅」子タブが選択されていなかったらこちらをクリックしてこの画面にしてください．

【作業2】タブのすぐ下にある「作業を選んでください」ラジオボタン群のうち「新規」が選ばれていることを確認し，「編集開始」ボタンをクリックします．

こうしますと，「駅データ編集ウィンドウ」がポップアップしてきます（図2-27）．

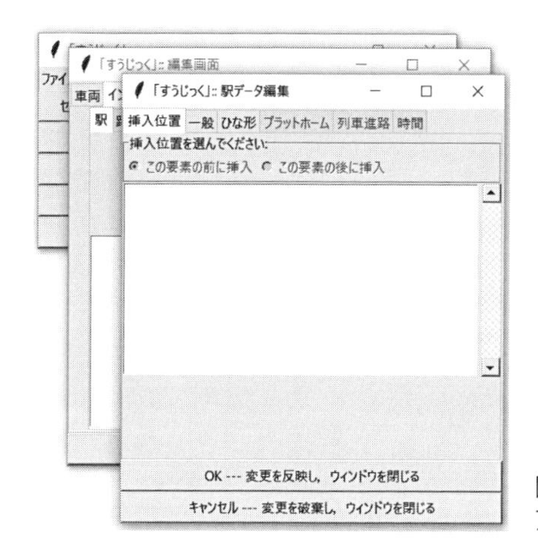

図 2-27 駅データ編集ウィンドウがポップアップしてきたところ.

【作業 3】駅データ編集ウィンドウにおいて「一般」タブをクリックして開きます.

ここから各駅のデータの入力に入ります．まずは，A 駅からいきましょう．A 駅からは下り方向に 2 本の線路が出て行く形で，出口に「シーサスクロッシング」[†1]があります．駅の上り側（上り方といういい方をします）には「車止め」があり列車は出ていくことができません.

【作業 4】駅データ編集ウィンドウ内の「駅名: 」欄に「A」と名称を入力します (図 2-28).

†1 日本では，列車が折り返すような駅の入口には，複数ある発着番線のいずれから／への発着もできるように X 字形に交差する複雑なポイントを設けてあるケースが多いと思います．このようなポイントは，複線の片側からもう片側に渡るということから「渡り線」と呼ばれます．X 字形の渡り線はその形状から「シーサスクロッシング」と呼ばれます．ちなみに英語では scissors crossing なので，普通のやりかたでカタカナ言葉化すると「シザーズクロッシング」となりそうですが，発音しにくいですね．図 2–11 をみると，A 駅の下り方，および C 駅の上り方に，このシーサスクロッシングがあることがわかります.

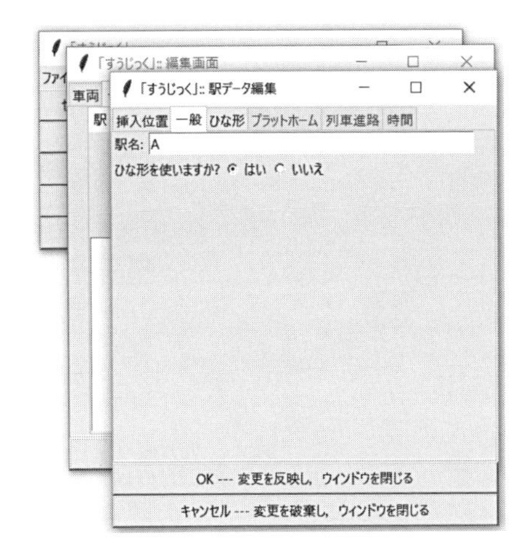

図 2-28　駅データ編集ウィンドウの「一般」タブを開き（作業 3），その中で駅名として「A」を入力（作業 4）したところ．この後このタブでは，駅名入力欄のすぐ下のラジオボタン「はい」をクリックする作業 5 が続きます．

【作業 5】駅データ編集ウィンドウ内の「ひな形を使いますか？」の項目について，「はい」「いいえ」の二つのラジオボタンのうち「はい」をクリックします．

【作業 6】駅データ編集ウィンドウにおいて「ひな形」タブをクリックします．

【作業 7】「ひな形」タブ内に現れた複数の子タブのうち「発着線」をクリックし，画面にさらに現れた孫タブのうち「1」をクリックし，表示された選択肢の中から「島式プラットホーム 1 面 2 線」[†2] とあるラジオボタンをクリックします（図 2-29）．

【作業 8】同じく「ひな形」タブ内の子タブのうち「上り方」をクリックし，画面にさらに現れた孫タブのうち「1」をクリックし，表示された選択肢の中から「車止めのみ」とあるラジオボタンをクリックします（図 2-30）．

【作業 9】同じく「ひな形」タブ内の子タブのうち「下り方」をクリックし，画面にさらに現れた孫タブのうち「1」をクリックし，表示された選択肢の中から「複線，シーサスあり」とあるラジオボタンをクリックします．

---

†2　線路が 2 本あり，線路と線路の間にプラットホームが一つある形の駅の配線のことを「1 面 2 線」と呼び習わしています．「島式」というのは，プラットホームが島のように線路と線路に挟まれているようすを言い表す言葉です（これに対し，複線鉄道の両脇に上下線別のプラットホームがある形のことを「相対式プラットホーム」と呼びます）．図 2-11 の路線は，全駅とも島式プラットホーム 1 面 2 線配線ということになります．

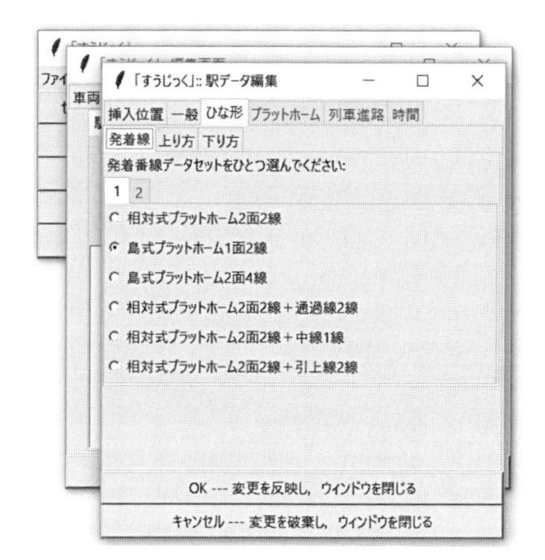

図 2-29　駅データ編集ウィンドウの「ひな形」タブを開き（作業 6），現れた子タブのうち「発着線」のなかの選択肢から「島式プラットホーム 1 面 2 線」を選択（作業 7）したところ．ちなみに，「1」および「2」という孫タブまで設けて，ひな形を増やす余地を残しています（が，本書執筆時点では孫タブ「1」だけで間に合っています．今後にご期待！）．

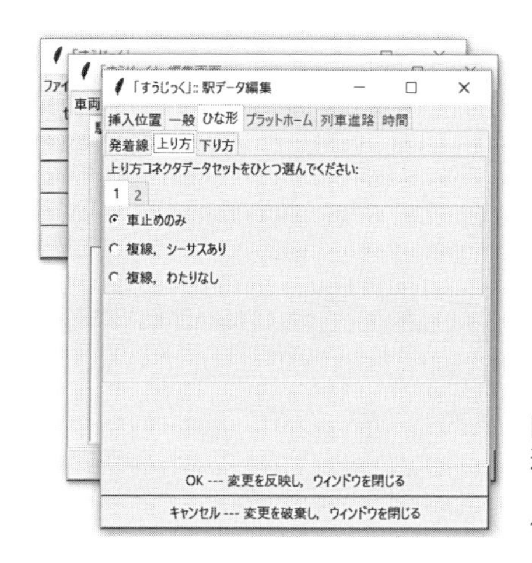

図 2-30　駅データ編集ウィンドウの「ひな形」タブ内の子タブ「上り方」の中の選択肢から「車止めのみ」を選択（作業 8）したところ．作業 9 も同様に実行してください．

【作業 10】駅データ編集ウィンドウ下部の「OK --- 変更を反映し，ウィンドウを閉じる」ボタンをクリックします．

ここまでの作業で，駅データ編集ウィンドウが閉じられます．そして，A 駅のデータが作成されて，編集ウィンドウの駅リストボックスに「A」が表示されているはずです（図 2-31）．

図 2-31　編集ウィンドウの駅リストボックスに，作成した駅「A」が表示されたところ.

次いで，B 駅についても作業を行います．B 駅はふつうの中間駅で，上り方，下り方ともシーサスクロッシングはありません.

【作業 11】編集ウィンドウのタブのすぐ下にある「作業を選んでください」ラジオボタン群のうち「新規」が選ばれていることを確認し，「編集開始」ボタンをクリックします.

こうしますと，「駅データ編集ウィンドウ」が再びポップアップしてきます.

【作業 12】駅データ編集ウィンドウにおいて「一般」タブをクリックして開きます.

【作業 13】駅データ編集ウィンドウ内の「駅名:」欄に「B」と名称を入力します.

【作業 14】作業 5～7 を繰り返します.

【作業 15】駅データ編集ウィンドウにおいて「ひな形」タブ内の子タブのうち「上り方」をクリックし，画面にさらに現れた孫タブのうち「1」をクリックし，表示された選択肢の中から「複線，わたりなし」とあるラジオボタンをクリックします.

【作業 16】同じく「ひな形」タブ内の子タブのうち「下り方」をクリックし，画面にさらに現れた孫タブのうち「1」をクリックし，表示された選択肢の中から「複線，わたりなし」とあるラジオボタンをクリックします.

【作業 17】駅データ編集ウィンドウのタブ「挿入位置」をクリックし，現れたリストボックスにおいて「A」を見つけてクリックした後，画面上部にある「挿入位置を選んでください」欄にある選択肢のうち「この要素の後に挿入」とあるラジオボタンをクリックします．

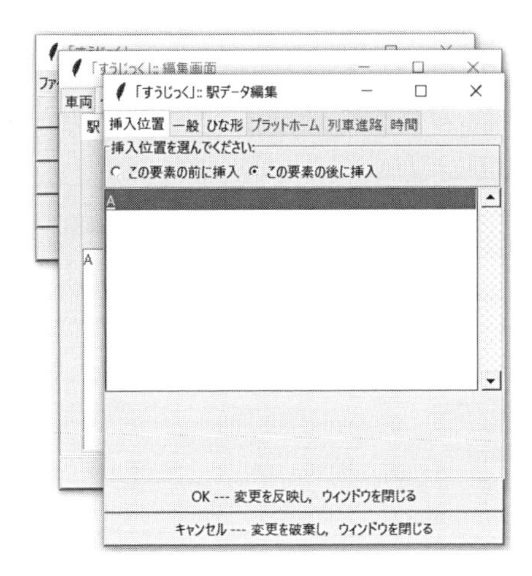

図 2-32　駅データ編集ウィンドウの「挿入位置」タブで，新たに作る駅「B」を「A」の後に挿入するよう指示したところ（作業 17）．駅のリストにおける順序は実はシミュレーションの結果には無関係なのですが，データが整理されていると管理も楽になると思います．

【作業 18】駅データ編集ウィンドウ下部の「OK --- 変更を反映し，ウィンドウを閉じる」ボタンをクリックします．

再び駅データ編集ウィンドウが閉じられ，編集ウィンドウの駅リストボックスには「A」の下に「B」が新たに表示されているはずです．

最後に，C 駅について作業を行います．C 駅は A 駅と逆に，上り方にシーサスクロッシングがあり，下り方は車止めとなります．

【作業 20】編集ウィンドウのタブのすぐ下にある「作業を選んでください」ラジオボタン群のうち「新規」が選ばれていることを確認し，「編集開始」ボタンをクリックします．

こうしますと，「駅データ編集ウィンドウ」がみたびポップアップしてきます．

【作業 21】駅データ編集ウィンドウにおいて「一般」タブをクリックして開きます．

【作業 22】駅データ編集ウィンドウ内の「駅名:」欄に「C」と名称を入力します．

【作業 23】作業 5～8 を繰り返します．

【作業 24】駅データ編集ウィンドウにおいて「ひな形」タブ内の子タブのうち「上り方」をクリックし，画面にさらに現れた孫タブのうち「1」をクリックし，表示された選択肢の中から「複線，シーサスあり」を選択し，該当するラジオボタンをクリックします．
【作業 25】同じく「ひな形」タブ内の子タブのうち「下り方」をクリックし，画面にさらに現れた孫タブのうち「1」をクリックし，表示された選択肢の中から「車止めのみ」を選択し，該当するラジオボタンをクリックします．
【作業 26】駅データ編集ウィンドウのタブ「挿入位置」をクリックし，画面に現れたリストボックスの中から「B」を選択してクリックした後，画面上部にある「挿入位置を選んでください」とある選択肢の中から「この要素の後に挿入」を選択し，該当するラジオボタンをクリックします．
【作業 27】駅データ編集ウィンドウ下部の「OK --- 変更を反映し，ウィンドウを閉じる」ボタンをクリックします．

みたび駅データ編集ウィンドウが閉じられ，編集ウィンドウの駅リストボックスには「A」「B」の下に「C」が新たに表示されているはずです（図 2-33）．これで，三つの駅の入力が完了したことになります．

図 2-33　三つの駅データの入力が完了し，「A」「B」「C」の３駅が駅リストボックスに並んだところ．なお，作業 18 が終了した時点では，「A」「B」の２駅が並んで表示されていたはずです．

2-3-6　路線データの入力

引き続き，「路線」データの入力をしていきます．

路線は，2-3-5 項で作成した駅を順番に並べ，つなげていって作ります．後で入力する列車は，必ずここで入力した路線の上を走ります．配線のトポロジー（要するに線路がどこからどこへどうつながっているかに関する情報）などもあわせて入力します．ちなみに，路線は直線状のもののほか，円形のもの（出発駅にまた戻ってくる路線）も入力できるようにしてありますので，山手線のようなのも評価できます．

駅間線路の情報については駅と同様「ひな形」をいくつか用意してあり，今回はそれを利用します．再び，図 2-11 に記載されている内容を復習してください．

【作業 1】編集ウィンドウのタブ「インフラ」をクリックし，同ウィンドウ内の子タブのうち「路線」をクリックし，空の路線リストが表示された状態にします（図 2-34）．

図 2-34　「インフラ」タブの「路線」子タブをクリックし，空の路線リストボックスを表示させたところ．これから路線「R」についてのデータを入力していきます．

【作業 2】タブのすぐ下にある「作業を選んでください」ラジオボタン群のうち「新規」が選ばれていることを確認し，「編集開始」ボタンをクリックします．

こうしますと，「路線編集ウィンドウ」がポップアップしてきます．

【作業 3】路線編集ウィンドウにおいて「一般」タブをクリックして開きます．まずは，路線名を入力します．「路線名: 」欄に「R」と入力しましょう．

ここからは，A～C 駅をこの順で路線に加えてゆくことになります．

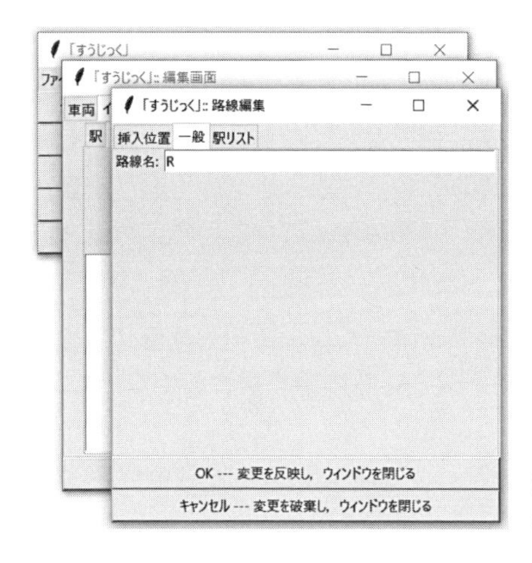

図２-35　作業２でポップアップしてきた路線編集ウィンドウにおいて，「一般」タブ内の路線名欄に「R」と路線名を入力したところ．

【作業 4】路線編集ウィンドウにおいて「駅リスト」タブをクリックして開きます．空の駅リストボックスが表示されます（図 2-36）．

図２-36　作業４で，路線編集ウィンドウにおいて「駅リスト」タブを表示させたところ．リストボックスには当然何もありません．

【作業 5】路線編集ウィンドウにおいて「作業を選んでください:」の中から「新規」ラジオボタンをクリックし，そのすぐ下の「編集開始」ボタンをクリックします．

こうしますとさらに「路線エレメント編集ウィンドウ」がポップアップしてき

ます（図 2-37）．路線エレメントとは要するに路線における隣り合う一駅間のデータをまとめたもののことで，このウィンドウでそのデータを入力・編集することになります．しかし，いまのところ路線に駅が設定されていない状態なので，駅間も何もありませんから，入力・選択できる項目はあまりない状態です．

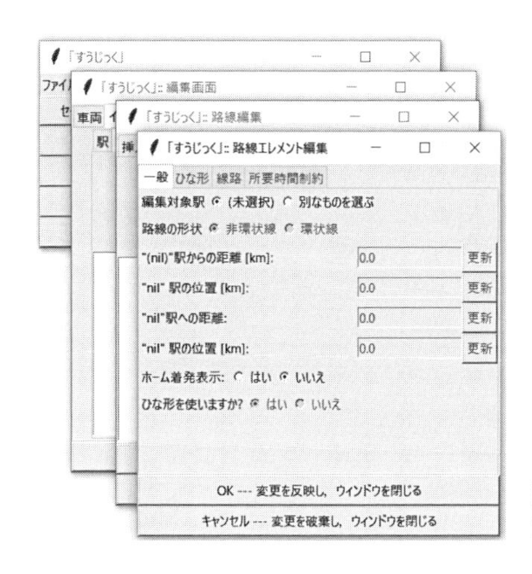

図 2-37　作業５でポップアップしてきた路線エレメント編集ウィンドウ†3.

†3　図 2-37 などで示した路線エレメント編集ウィンドウにはたくさんの入力項目がありますが，本書ではあまり活用しない形になっています．「路線の形状:」という項目は，山手線のような環状路線（ある駅から路線が始まり，同じ駅に戻ってくるような路線）もシミュレーションできるように準備したものですが，今回は「非環状線」ということでデフォルトのまま使います．また，後で路線 R のデータの編集をするとき，B 駅のような中間駅を選んでデータの変更をしようとする場合，A 駅から（B 駅まで）の距離だけでなく，（B 駅から）C 駅までの距離も変更したくなるかもしれません．そのような場合に備え，位置や距離の入力欄が二つずつ用意してあります．…「距離」欄が二つあるのはわかるが，なぜ「位置」欄が二つあるのか？　鋭いですね．これは，環状路線のデータの場合を考えてのことです．例えば山手線が東京から東京までの路線だと考えて，東京駅の位置を 0 として順次データを書いていくと，最後に東京駅に別な位置データ（34.5 km でしょうか？）を与えざるを得なくなりますね．このような場合に備え，二つの位置入力欄を用意してあるのです！　こうした詳細は，サポート Web サイトに掲載される情報をご参照ください．

【作業 6】路線エレメント編集ウィンドウにおいて「一般」タブが開いていることを確認し，画面内の「編集対象駅：」の項目について，ラジオボタン「別なものを選ぶ」をクリックします．

さらに「一要素選択ウィンドウ」がポップアップしてきます．

図 2-38　作業 6 でポップアップしてきた一要素選択ウィンドウにおいて，作業 7 で A 駅を選択したところ．

【作業 7】一要素選択ウィンドウ内のリストボックスにおいて，A 駅をクリックして選択し，下にある「OK --- 変更を反映し，ウィンドウを閉じる」ボタンをクリックします．

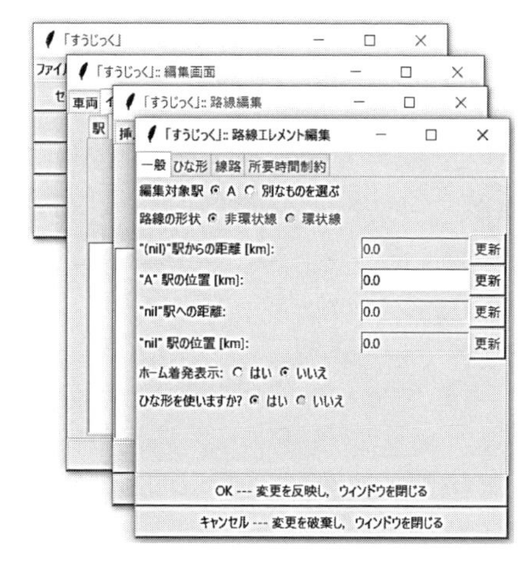

図 2-39　作業 7 終了後の路線エレメント編集ウィンドウ．「"A" 駅の位置 [km]:」の数字入力欄が図 2-37 と違い，入力可能を表す白い色になっているところに注目．

一要素選択ウィンドウが閉じられ，路線エレメント編集ウィンドウの「編集対象駅:」の項目の表示が「A」に変わり，その少し下の「“A” 駅の位置 [km]:」という項目が入力可能な状態になっていることが確認できると思います．

【作業 8】「“A” 駅の位置 [km]:」欄の数字がゼロ（正確には 0.0）であることを確認します．このほかの項目はいまのところ使いませんからさわらずに，下にある「OK --- 変更を反映し，ウィンドウを閉じる」ボタンをクリックします．

路線エレメント編集ウィンドウが閉じられ，路線編集ウィンドウに戻ります．ウィンドウに表示されている駅リストに「A」が追加されていることと思います（図 2-40）．

図 2-40 作業 8 終了後の路線編集ウィンドウ．A 駅がリストに追加されています．

引き続き，次の駅である B 駅を選びます．今度は，A・B 駅間の線路に関する情報も合わせて入力することになります．

【作業 9】作業 5 を繰り返します．

再び「路線エレメント編集ウィンドウ」がポップアップしてきます．しかし，今度は作業 5 のときとは多少異なり，「路線の形状:」や「A 駅からの距離 [km]:」という欄が入力可能になっているはずです（図 2-41）．

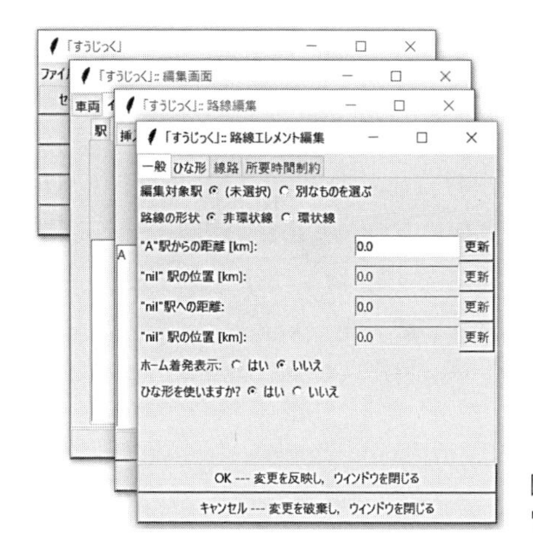

図 2-41　作業 8 終了後の路線編集ウィンドウ．A 駅がリストに追加されています．

【作業 10】作業 6 を繰り返します．

さらに「一要素選択ウィンドウ」がポップアップしてきます．

図 2-42　作業 10 でポップアップしてきた一要素選択ウィンドウ．これにおいて作業 11 で B 駅を選択したところ．

【作業 11】一要素選択ウィンドウ内のリストボックスにおいて，B 駅をクリックして選択し（図 2-42），下にある「OK --- 変更を反映し，ウィンドウを閉じる」ボタンをクリックします．

一要素選択ウィンドウが閉じられ，路線エレメント編集ウィンドウの「編集対象駅:」の項目の表示が「B」に変わり，「“B” 駅の位置 [km]:」という項目が入力可能な状態になっていることが確認できると思います.

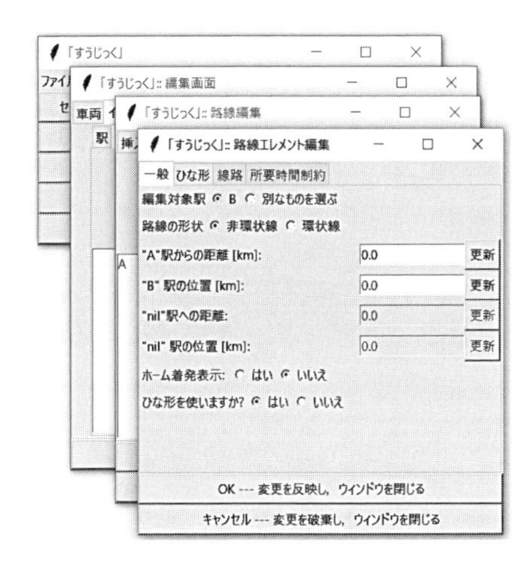

図 2-43 作業 11 終了後の路線エレメント編集ウィンドウ.「"A" 駅からの距離 [km]:」および「"B" 駅の位置 [km]:」の二つの欄が入力可能になりました.

次に, 駅間距離と B 駅の位置を入力します. どちらか入力し,「更新」ボタンをクリックすればよいようになっていますが, ここでは駅間距離を入力する方法についてご説明しましょう.

【作業 12】「"A" 駅からの距離 [km]:」欄に, A 駅・B 駅間の距離である 1.0 の数字を入力し, その右にある「更新」ボタンをクリックします.

「B 駅の位置 [km]:」欄も「1.0」と更新されたものと思います (図 2-44).

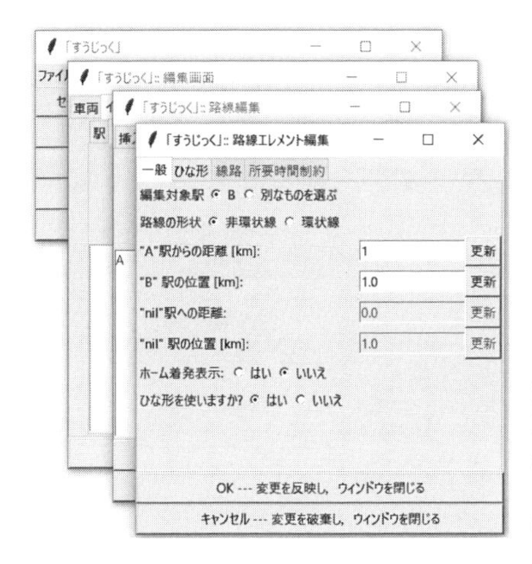

図 2-44 作業 12 終了後の路線エレメント編集ウィンドウ.「"A" 駅からの距離 [km]:」を更新した結果,「"B" 駅の位置 [km]:」欄も更新されています. この後の作業 13 で, 最も下にある「ひな形を使いますか?」という項目を確認します.

【作業 13】「ひな形を使いますか？」とある項目の選択肢「はい」を選択します．

【作業 14】引き続き路線エレメント編集ウィンドウにおいて「ひな形」タブをクリックし，現れた子タブのうち「駅間線路」をクリックし，画面に現れた選択肢の中から「複線」とあるラジオボタンをクリックします．

これで，A・B 駅間に複線の線路が設定されます（図 2-45）．

図 2-45　作業 14 で駅間線路のひな形を選択した後の路線エレメント編集ウィンドウ．

【作業 15】同じく「ひな形」タブ内の子タブのうち「信号」をクリックし，画面に現れた選択肢の中から「単一方向」とあるラジオボタンをクリックします．

これは，駅間の線路上を列車が走る方向が信号システムにより固定されている場合に「単一方向」，そうでなくどちらの線路も両方向に列車が走ることができるようになっている場合に「双方向」を選択します（図 2-46）．「双方向」はよく「単線並列」とも呼ばれますが，日本ではほとんど実例がありません．

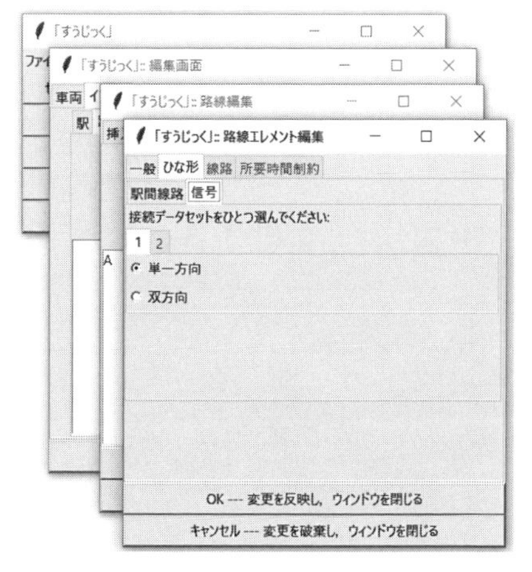

図 2-46　作業 15 で駅間線路の信号システムを選択した後の路線エレメント編集ウィンドウ．

このほかの項目は変更の必要がないので，これでこの駅間のデータはすべて入力が完了したことになります．

【作業 16】路線エレメント編集ウィンドウの下にある「OK --- 変更を反映し，ウィンドウを閉じる」ボタンをクリックします．路線エレメント編集ウィンドウが閉じられます．

ここまでの操作で，路線編集ウィンドウの駅リストには「A」「B」の二つが追加されていることと思います．これは，A～B 駅間のデータができたことを意味します．

引き続き，B～C 駅間について作業を続けます．

【作業 17】 作業 9～16 を繰り返します．ただし，駅名の「A」とあるところは「B」に，「B」とあるところは「C」に，それぞれ読み替えていただきます．

なお，B・C 駅間も 1 km ですので，作業 12 においては同様に「“B” 駅からの距離 [km]:」という項目に 1 と入力していただくことになりますが，そうすると「“C” 駅の位置 [km]:」という項目は 2.0 という値に更新されることになります（図 2–47）．この辺の数値が正しいことを，図 2–11 に戻って確認してください．

図 2–47　作業 12（2 回目）で B 駅から（C 駅まで）の駅間距離を 1 km に設定した後の路線エレメント編集ウィンドウ．

こうして，路線編集ウィンドウの駅リストには「A」「B」「C」の 3 駅が追加され（図 2–48），これで路線のデータの入力が終了しました．

【作業 18】 路線編集ウィンドウの下にある「OK --- 変更を反映し，ウィンドウを閉じる」ボタンをクリックします．路線編集ウィンドウが閉じられ，編集ウィンドウの路線リストに「R」が表示されたことを確認します（図 2–49）．

これで，R 線データの入力は完了です．

図 2-48　作業 17 が終了し，A〜C の３駅が駅リストボックスに表示されている状態の路線編集ウィンドウ．

図 2-49　作業 18 が終了し，R 線が路線リストボックスに表示されている状態の編集ウィンドウ．

2-3-7　スケジュールセットデータの入力

次は，「スケジュールセット」です．このスケジュールセットというのは，要するに列車ダイヤ一つを格納する「箱」のようなものです．

ということは，例えば同じ路線の平日ダイヤと休日ダイヤのように二つのダイヤを二つの「箱」，すなわちスケジュールセットに格納し，同時に評価できるのか，と思われるかもしれませんが，なぜか一つのデータには一つの「箱」しか用意できないことになっています．

この「スケジュールセット」は，新規のファイルを作成する作業（2-3-2項の作業5）のとき，勝手に一つ用意されていますので，この設定を変更する作業のみを行えばけっこうです．

【作業1】編集ウィンドウのタブ「ダイヤ」をクリックします．

編集ウィンドウの表示がスケジュールセット編集画面になります（図2-50）．

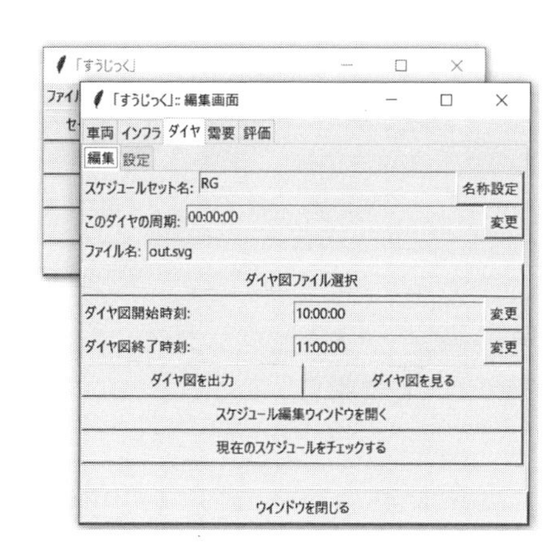

図2-50　編集ウィンドウのスケジュールセット編集画面．

【作業2】スケジュールセット編集画面において「スケジュールセット名:」欄にある名称を確認します．

デフォルトではRG（regularの略のつもり）となっているので，特に理由がなければこのままにしましょう．なお，編集する場合，「名称設定」ボタンを一度クリックすると，名称欄が入力・変更を受け付けるようになります．新たな名称を入力したらボタンをもう一度クリックすると，その名称に変更されるようになっています．

【作業3】引き続き同じ画面において「このダイヤの周期:」欄のわきにある「変更」ボタンをクリックして，「このダイヤの周期:」欄を入力可能な状態にし（図2-51），そこに適切な値を入力し，もう一度「変更」ボタンをクリックします．

周期は2-3-1項にあるとおり240秒ですから，240と入力します．そうではなく，「hh:mm:ss」もしくは「xx:yy」と複数の数字をコロンで区切って入力すると，hh時間mm分ss秒という意味になりますから，「4:00」もしくは「00:04:00」などでもかまいません．

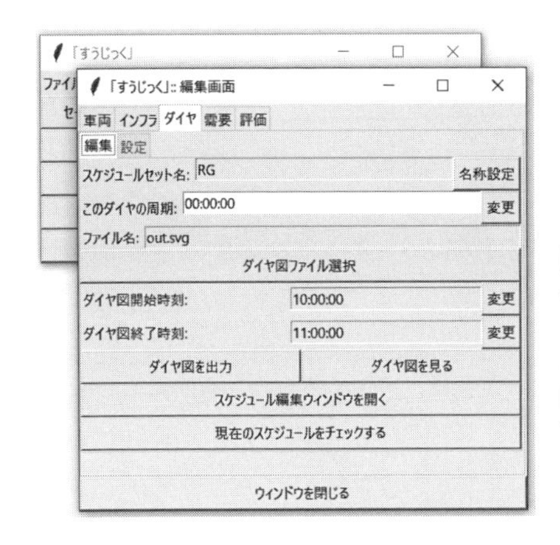

図 2-51　スケジュールセット編集画面で「このダイヤの周期:」欄の横の「変更」ボタンをクリックし，同欄を入力可能な状態にしたところ．ここに周期を秒単位の整数か，もしくはhh:mm:ssの形式で入力します．作業４を行う前なので，「ファイル名:」（列車ダイヤ図を書き出す際のファイル名）はまだデフォルトのままになっています．

【作業 4】同じ画面において「ダイヤ図ファイル選択」ボタンをクリックし，ポップアップしてくるダイアログによりダイヤ図ファイルを指定してください．

ここでは C:¥Sujic-book¥datafiles¥out-R.svg としましょう．「保存」ボタンを押してダイアログを閉じ（わかりにくいですが，この時点ではファイル名を指定しただけでファイルはまだ作成されません），編集画面の「ファイル名:」欄のファイル名が変化したことを確認してください．

これで，スケジュールセットデータの入力は終了ですが，そろそろ入力したデータを保存しておきたくなりますよね．その際はこの手順によってください．

【作業 5】編集ウィンドウの最下部の「ウィンドウを閉じる」ボタンをクリックして閉じた後，初期ウィンドウ（図 2-13）において「XML ファイルを書き出す」ボタンをクリックします．

こうすると，ここまでの作業内容をデータ化した XML ファイルが，2-3-2 項の作業 4 で指定したファイル（C:¥Sujic-book¥datafiles¥first.xml）に保存されます．

COLUMN

スケジュールセットはなぜ必要？

2-3-7 項を読んだだけでは，どうしてスケジュールセット，すなわち列車ダイヤを格納する「箱」を「すうじっく」の設計上用意したのかわからないでしょう．

この説明ではスケジュールセットは「よけいな」もので，なくてもよいようにしかみえません．しかし，筆者は当然ですが「用もなくプログラムを複雑化」させてはいない，つもりなのです．

本文では「一つのデータには一つの『箱』しか用意できない」とありますが，それでは「箱」を設計上用意した意味がありません．複数の「箱」を使いたいケースがあるので，そのためにこの構造を準備しているのです．それは，列車ダイヤが乱れた場合のシミュレーションを行いたいからです．

例えば，急行列車と緩行列車が設定されている鉄道路線で，あなたが列車を待っていたところ，緩行列車が先にきたとします．この列車は急行列車より先に発車しますが，あなたの目的地には後から来る急行列車のほうが先に到着することになっている．そうなれば，あなたは緩行列車を見送り，急行列車に乗車しようとするでしょう．ところが，その急行列車が何らかのトラブルで遅れ，その結果緩行列車の方が目的駅に早着することになってしまった．このときあなたはどう行動するでしょうか？

もし，あなたが緩行列車の発車までに急行列車が遅れてくることを知ることができれば，あなたは最初の予定（急行列車を待つ）を変更し，緩行列車に乗り込むでしょう．しかし，緩行列車が出発してしまった後にそれがわかったとしたら？　しまった損した！　と舌打ちしつつ（？），急行列車を待つほかなくなります．トラブルの発生は「予見できない」からです．

これを「すうじっく」で評価しようとするとどうなるでしょう？　列車ダイヤは一つしか与えられないとすると，実際に列車がどう動いたかを表現した「実績ダイヤ」を「すうじっく」に入力し，評価することは可能です．しかし，そうすると「すうじっく」上ではあなたはあたかも初めからトラブルの発生を予見したかのような行動をとることになります．これでは，まずいですよね？

そこで，列車ダイヤを複数与えるという考え方が出てくるわけです．トラブルの発生を知らされていないあなたは，通常時の列車ダイヤが頭の中にあって，それに基づいた行動をしている，と考えられます．これに対し，トラブルの発生を知らされた後は，新たな列車ダイヤ（運転整理ダイヤと呼ばれます）に基づく行動に変わる．複数の列車ダイヤを与えられる仕組みにしておけば，このようなモデルを作ることも容易にできると考えられます．このために現在の「すうじっく」では「スケジュールセット」というものを用意してあるわけです．

これ以外にも,「すうじっく」で2-3節にあるような簡単なシミュレーションを行おうとすると,過剰に複雑なデータ形式だなあ,と思われる部分がたくさんあります.しかし,その構造にはすべて一応の理由付けがなされているのです.

ただし…注意すべきは,理由があってこの構造がとられているとはいえ,この構造「でなければならない」というわけでもないということです.同じシミュレーションを別な構造をもつよう設計されたシミュレーションプログラムで実行することも可能かもしれません.もしかすると,筆者の設計したものよりそのほうがよいかもしれない.そのあたりが,シミュレーションの面白さでもあり,難しさでもあります.また,こうした部分はあまり学術論文などにもならない関係上,実はかなり数の限られた関係者以外にあまり知られていないようです.筆者を含め,シミュレーションにかかわる多くのプログラマたちが,いわば人知れず腕を競い合っているところでもあるわけです….

2-3-8 列車データの入力

だんだん佳境に入ってきた感じですね.次は,いよいよ列車データの入力になります.しかし,はやる気持ちをおさえ,まず「列車」「編成」といった言葉を整理しておきましょう.

「列車」というのは,文字どおり解釈すれば列になった車です.したがって,口語的には「編成」,つまり「複数の鉄道車両が連結器でつながれたもの」の意味になります.しかし,列車ダイヤの上では「列車」一つひとつに「列車番号」という名前[†4]がついていますね.名前がつけられる対象が,列車ダイヤでいう「列車」なのであって,それは「編成」とは違うのです.とりあえず,「列車」は列車ダイヤ図上に表されて乗客が利用する「サービス」の供給のためにその起点から終点まで移動する車両群の一連の動く「スジ」のこと(すなわちいわば「ソフト」的なもの)[†5],「編成」はその「スジ」に割り当てられる1本もしくは複数本の「鉄道車両を連結器でいくつかつないだ,ひとつながりのモノ」のこと(すなわ

†4 日本以外でも,ここでいう「列車」には名前がつけられるケースがほとんどだと思います.その名前は日本では「列車番号」ですが,例えば英国では head code と呼ばれます.

ち「ハード」), と理解しておいていただければよいと思います. 当然ですが, ある「編成」を複数の「列車」に割り当てることができますし, ある「列車」に複数の「編成」を割り当てることもできます.

「すうじっく」では, この考え方をかなり現実に近い形でモデル化しました. ただし, 厳密にいうと駅構内での入換えなどで「列車」ではない車両が動いているケースもあるのですが,「すうじっく」ではデータに含める必要がある動きには必ず列車名を与える約束にしています.

ということなので, まずは「列車」の設定からしていきます.

【作業 1】もし 2-3-7 項の作業 5 で編集ウィンドウが閉じられてしまった後であれば, 2-3-2 項の作業 6 と同様に初期ウィンドウの「編集開始」ボタンをクリックし, 編集ウィンドウを開きます. 編集ウィンドウのタブ「ダイヤ」をクリックし, 同ウィンドウ内の「スケジュール編集ウィンドウを開く」ボタンをクリックします. ポップアップしてきた「スケジュール編集ウィンドウ」において「列車」タブをクリックします.

空の列車リストボックスが表示されているはずです.

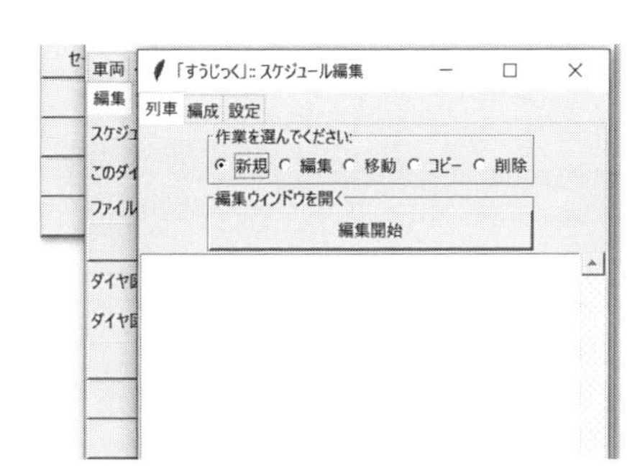

図 2-52　ポップアップしてきたばかりのスケジュール編集ウィンドウ. 列車タブにあるリストボックスには例によって何もありません.

【作業 2】引き続き, スケジュール編集ウィンドウにおいて作業の選択肢の中から「新規」ラジオボタンをクリックし,「編集開始」ボタンをクリックします.

---

†5　もう少しいうと, 鉄道サービスの提供のために本線上を走行するのが列車ということになっています. 日本の鉄道がすべて守る必要がある国土交通省令「鉄道に関する技術上の基準を定める省令」(平成十三年国土交通省令第百五十一号) では, 列車を「停車場外の線路を運転させる目的で組成された車両をいう」と定義しています (25 条 13 項).

こうすると，列車編集ウィンドウがオープンします．

図 2-53　ポップアップしてきたばかりの列車編集ウィンドウ．一般タブをクリックし，列車名の入力に進みます．

【作業 4】列車編集ウィンドウの「一般」タブをクリックし，列車名を入力します．

まずは，「列車名:」欄に「各停 1」と入力しましょう．

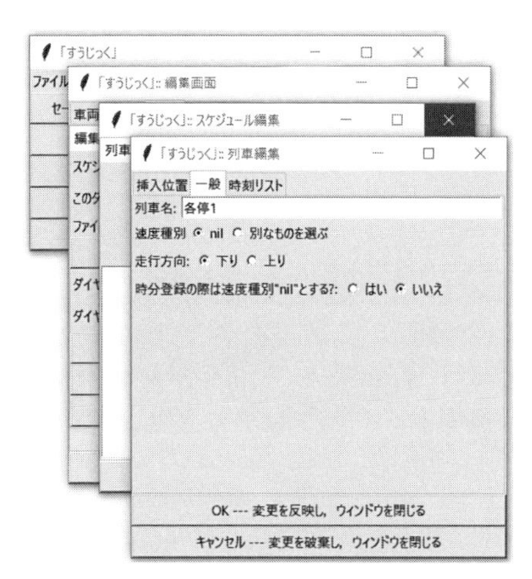

図 2-54　列車編集ウィンドウにおいて「各停 1」という列車名を入力したところ．

【作業 5】引き続き，「速度種別」欄について，「別なものを選ぶ」ラジオボタンをクリックします．

一要素選択ウィンドウが出てきます.

図 2-55　ポップアップしてきた一要素選択ウィンドウ内のリストボックスには選択可能な速度種別がリストアップされています．この中から SC を選択．

【作業 6】一要素選択ウィンドウのリストボックス内にある速度種別「SC」をクリックし，「OK --- 変更を反映し，ウィンドウを閉じる」ボタンをクリックします．

一要素選択ウィンドウが閉じられ，列車編集ウィンドウの「速度種別」欄において左側のラジオボタンの名前が「SC」に変わり，そちらが選ばれた状態になっていると思います．

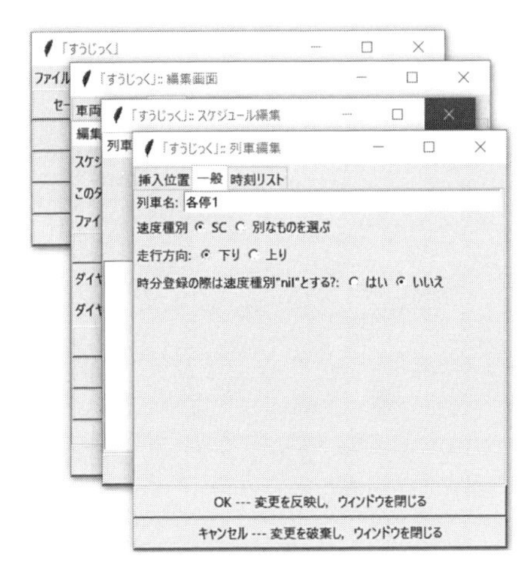

図 2-56　一要素選択ウィンドウが閉じられ，列車編集ウィンドウにおいて速度種別が SC になっています．その下の「走行方向:」が「下り」になっていることもここで確認します．

【作業 7】列車編集ウィンドウにおいて「時刻リスト」タブをクリックします．
空の時刻リストボックスが表示されます．

図 2-57　列車編集ウィンドウの「時刻リスト」タブを開いたところ．時刻リストボックスは空になっています．

【作業 8】列車編集ウィンドウにて，作業の選択肢の中から「新規」ラジオボタンをクリックし，「編集開始」ボタンをクリックします．
こうすると，列車時刻編集ウィンドウがオープンします．

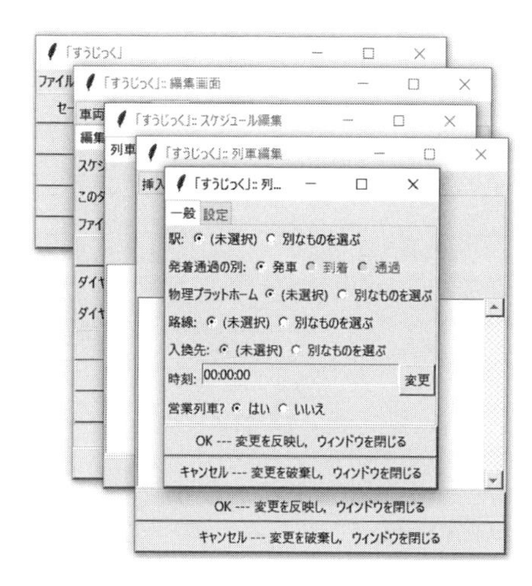

図 2-58　列車時刻編集ウィンドウ．上の項目から選択していきます．

【作業 9】列車時刻編集ウィンドウの「駅: 」欄にある「別なものを選ぶ」ラジオボタンをクリックします.

再び一要素選択ウィンドウがポップアップしてきます. 今度は駅のリストが表示されるはずです.

図 2-59　作業 9 でポップアップしてきた一要素選択ウィンドウ. 選択可能な駅がすべて表示されています. A 駅がすでに選択されています（作業 10）.

【作業 10】一要素選択ウィンドウにて, 駅「A」を選択（リストボックスから選びクリック）し,「OK --- 変更を反映し, ウィンドウを閉じる」ボタンをクリックします.

一要素選択ウィンドウが閉じられ, 列車時刻編集ウィンドウの項目「駅」は「A」が選択された状態になっているはずです.

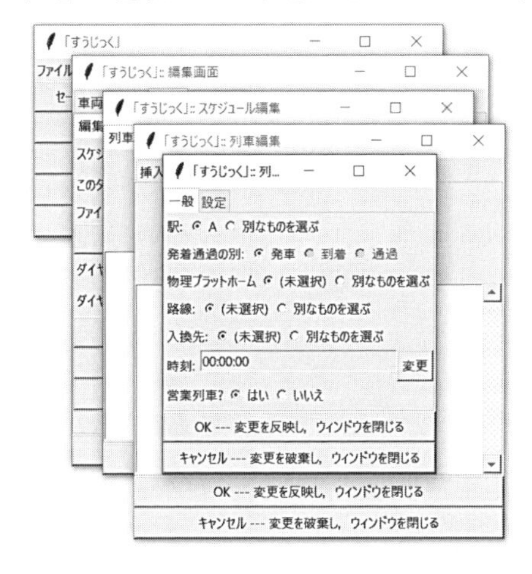

図 2-60　作業 10 終了後の列車時刻編集ウィンドウ. 「駅: 」の項目は「A」が選ばれた状態に変化しています.

【作業 11】列車時刻編集ウィンドウにおいて「物理プラットホーム」欄にある「別なものを選ぶ」ラジオボタンをクリックします．

再び一要素選択ウィンドウがポップアップしてきます．こんどは物理プラットホームのリストが表示されるはずです．

ところで，物理プラットホームとは何でしょうか？　いまのところ，要するに駅の発着番線のことだ，と思っておいてください．これまで入力したことはありませんが，2-3-5 項で駅に関するデータを入力した際，ホームや駅配線などについては「ひな形」を利用したことを思い出してください．「ひな形」を設定したとき，駅モデルのこうした内部構造を選択していることになります．A 駅は 1 面 2 線で，利用したひな形の設定によれば（物理）プラットホームは 1 番線と 2 番線の二つがあります．列車はこの駅が始発となります．どちらのホームを利用してもいいのですが，今回は 1 番線を利用することにしましょう．

図 2-61　作業 11 でポップアップしてきた「物理プラットホーム」選択のための一要素選択ウィンドウ．次の作業 12 では「A::1」，すなわち「A 駅 1 番線」を選択し，「OK」ボタンを押すことになります．

【作業 12】一要素選択ウィンドウにて，適切な物理プラットホームを選択（リストボックスから選びクリック）し，「OK --- 変更を反映し，ウィンドウを閉じる」ボタンをクリックします．

ここでは「A 駅 1 番線」を意味する「A::1」を選択してください．「OK」ボタンをクリックしますと，一要素選択ウィンドウが閉じられ，列車時刻編集ウィンドウの項目「物理プラットホーム」は「A::1」が選択された状態になっているはずです．

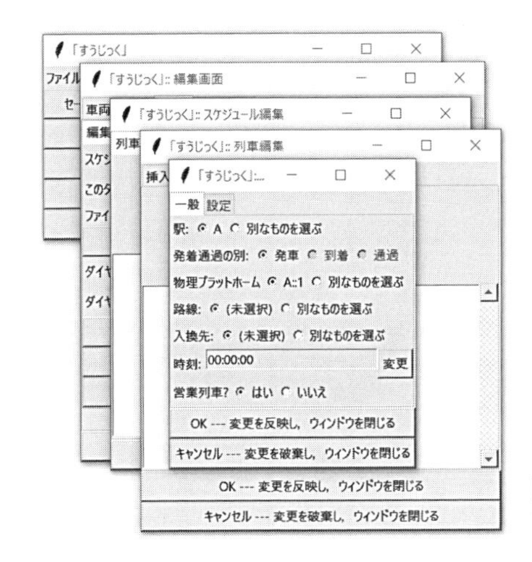

図 2-62　作業 12 終了後の列車時刻編集ウィンドウ.

【作業 13】列車時刻編集ウィンドウの「路線:」欄にある「別なものを選ぶ」ラジオボタンをクリックします.

再び一要素選択ウィンドウがポップアップしてきます．今度は選択可能な路線のリストが表示されます.

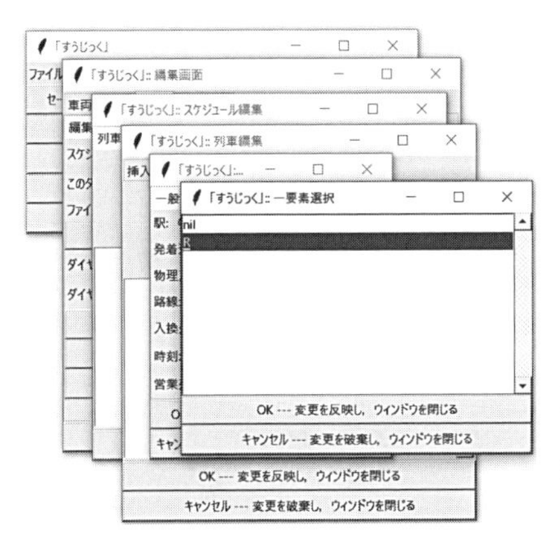

図 2-63　作業 13 でポップアップしてきた「路線」選択のための一要素選択ウィンドウ．次の作業 14 では路線「R」を選択し，「OK」ボタンを押すことになります.

【作業 14】一要素選択ウィンドウにおいて，路線「R」を選択（リストボックスから選びクリック）し，「OK --- 変更を反映し，ウィンドウを閉じる」ボタンをクリックします.

一要素選択ウィンドウが閉じられ，列車時刻編集ウィンドウの項目「路線:」は「R」が選択された状態になっているはずです．

【作業 15】列車時刻編集ウィンドウの「線路:」欄にある「別なものを選ぶ」ラジオボタンをクリックします．

再び一要素選択ウィンドウがポップアップしてきます．こんどは選択可能な線路のリストが表示されます．

この線路も，先ほどの「物理プラットホーム」と同様，ここまで明示的には設定していなかったものです．2-3-6 項でご説明した路線の設定において，駅間線路についてはひな形を利用したわけですが，このとき路線モデルの駅間線路に関する内部構造を選択していることになります．複線の鉄道としましたので，どの駅間にも DM（下り本線）および UM（上り本線）があります．この列車は下り列車なので，選択可能なものは DM しかありませんので，選択肢としては DM のみが表示されています．

図 2-64　作業 15 でポップアップしてきた「線路」選択のための一要素選択ウィンドウ．線路「DM」を選択し，「OK」ボタンを押すこと．

【作業 16】一要素選択ウィンドウにおいて，線路「DM」を選択（リストボックスから選びクリック）し，「OK --- 変更を反映し，ウィンドウを閉じる」ボタンをクリックします．

一要素選択ウィンドウが閉じられ，列車時刻編集ウィンドウの項目「線路:」は「DM」が選択された状態になっているはずです．

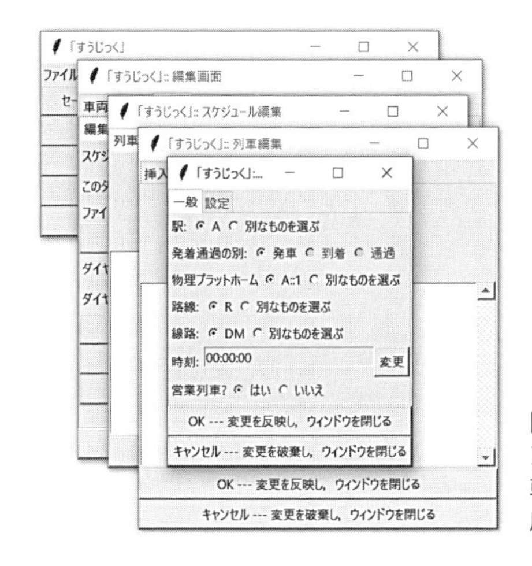

図 2-65　作業 16 終了後の列車時刻編集ウィンドウ．この下の「時刻」欄，および「営業列車？」欄の二つを作業 17 および 18 で必要に応じ変更します．

【作業 17】列車時刻編集ウィンドウにおいて「時刻:」欄の「変更」ボタンをクリックし，時刻入力欄にある文字を必要に応じて変更し，再び「変更」をクリックします．

変更ボタンを押すまでは文字の変更がそもそもできません．図 2-11 にあるように，この列車の A 駅発車時刻は 0 秒なので，「00:00:00」もしくは「0」と入力してください．入力が終了したら，再び「変更」ボタンをクリックすると，データが更新され，入力欄がまたロックされます．

【作業 18】列車時刻編集ウィンドウの「営業列車？」欄において「はい」ラジオボタンが選択されていることを確認します．「はい」が選択されていなかった場合，「はい」をクリックします．

この項目は，通常，列車が終着駅に到着したときにのみ意味があるとお考えください．列車が終着駅に到着した後は，現在乗車中の乗客はすべて降りてほしいですよね．したがって，最後の駅に到着したときのデータについては，この項目を「いいえ」にします（作業 30）．

【作業 19】列車時刻編集ウィンドウにて「OK --- 変更を反映し，ウィンドウを閉じる」ボタンをクリックします．

列車時刻編集ウィンドウが閉じられ，列車編集ウィンドウに戻ります．

この後は，A 駅発車，B 駅到着，B 駅発車…　と，列車「各停 1」の動きの順

に，時刻や発着ホーム名，走行線路などを入力していきます．

図 2-66　作業 19 終了後の列車編集ウィンドウ．時刻リストに A 駅発車時刻が「R/A::1[DEP] -- 00:00:00」と表示されているのがわかります．

【作業 20】作業 8 を繰り返します．

再び列車時刻編集ウィンドウがポップアップしてきます．ただし，今回は作業 8 のときと異なり，いくつかの項目は選択自体ができなくなっています．これは，この列車は下り列車で，かつ A 駅の 1 番線からスタートしているのですから，列車が次にたどり着くプラットホームは B 駅であることがデータから自動的にわかるためです．

図 2-67　作業 20 でポップアップしてくる列車時刻編集ウィンドウ．「駅」「路線」「線路」などの欄は選択自体ができません．この次の作業 21 で，まず「発着通過の別」という項目から入力していきます．

【作業 21】列車時刻編集ウィンドウの「発着通過の別:」欄において「到着」ラジオボタンが選択されていることを確認します．それ以外が選択されていた場合，「到着」をクリックします．

この項目の意味は自明だと思います．列車は当然「まずは発車」するので，A 駅発車時刻の入力の際はこの項目は選択不可能でした．今回は，B 駅を通過する列車かもしれませんので，「通過」か「到着」（＝停車）かが選択できるようになっています．今回は停車ですので，このようにします．

【作業 22】作業 11・12 を繰り返します．

今回，物理プラットホーム選択のための一要素選択ウィンドウのリストボックスには「B::1」（B 駅 1 番線）だけが表示されるはずです．これも，A 駅から来た下り列車が到着可能な物理プラットホームがこれだけだからです．

先ほどは，作業 11・12 の後，路線および線路の選択作業が続きましたが，今回は到着時刻データなので，路線は選択できませんし，線路も発車または通過後どこを走るかに関するデータであるという理由で選択できないようになっています．そこで，時刻の入力に移ります．

【作業 23】作業 17 を繰り返します．

今回は図 2-11 からわかるように「00:01:30」もしくは「90」と入力してください．

【作業 24】作業 18 を繰り返します．

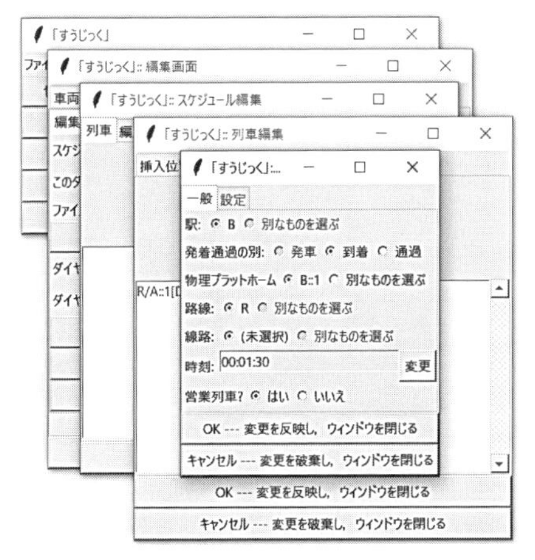

図 2-68　作業 24 終了後の列車時刻編集ウィンドウ．

【作業 25】作業 19 を繰り返します．

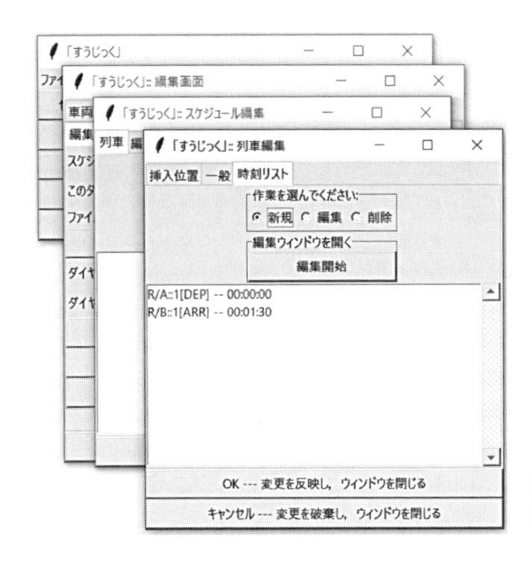

図 2-69　作業 25 終了後の列車編集ウィンドウ．新たに B 駅到着時刻が表示されています．

【作業 26】作業 8 を繰り返します．

再び列車時刻編集ウィンドウがポップアップしてきます．今回は作業 20 のときと選択可能項目がまた異なっています．駅は先ほど同様選択できませんし（列車が瞬間移動したら困りますから！），今回は物理プラットホームも選択できません（そうでないと列車が停車時間のうちに動いたことになってしまいます）．しかし，路線は選択可能になります…これは分岐駅などである路線から別な路線に移ることが想定されるためです．今回のモデルでは，結局路線「R」以外にないので，選択の余地がそもそもないのですが．

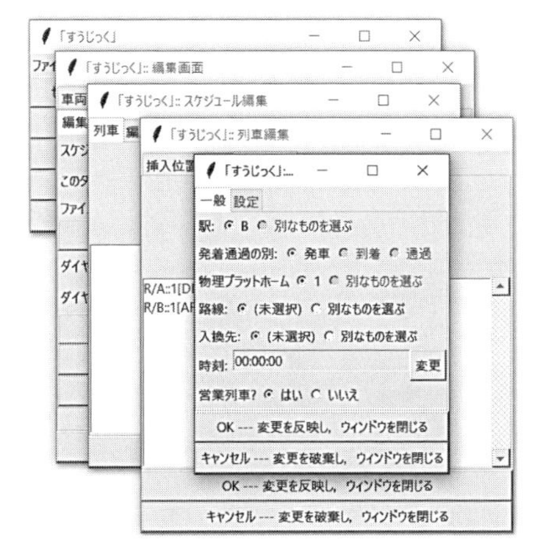

図 2-70　作業 26 でポップアップしてくる列車時刻編集ウィンドウ．

【作業 27】作業 13，14，15，16，17，18 を繰り返します．

作業 16 では今回も線路として「DM」を選びますが，前回選んだ「DM」が A

駅とB駅を結ぶ線路の名前としてのDMだったのに対し，今回はB駅とC駅を結ぶ線路のそれであることに注意してください．また，作業17では今回は図2-11からわかるように「00:02:30」もしくは「150」と入力してください．

図2-71　作業27終了後の列車時刻編集ウィンドウ．

【作業28】作業25を繰り返します．

この後はいよいよC駅到着時刻の入力です．

図2-72　作業28終了後の列車編集ウィンドウ．新たにB駅出発時刻が表示されています．

【作業 29】作業 20，21，22，23 を繰り返します．

作業 22 でポップアップしてくる物理プラットホームの一要素選択ウィンドウでは，「C::1」および「C::2」の二つの選択肢が出てきます．これは，C 駅が終着駅で，駅入口にシーサスクロッシングが設定されており，二つある（物理）プラットホームのどちらにでも列車が到着可能だからです（実際の鉄道でもよくある配線ですね）．今回は C::1 を選択しましょう．また，作業 23 では図 2–11 からわかるように「00:04:00」もしくは「240」を入力してください．

【作業 30】列車時刻編集ウィンドウの「営業列車？」欄において「いいえ」ラジオボタンをクリックします．

C 駅はこの列車の終着駅ですので，作業 18 で述べたとおり，この項目を「いいえ」に設定します．そうでないとシミュレーションがうまくいかないことがあります．

【作業 31】作業 28 を繰り返します．

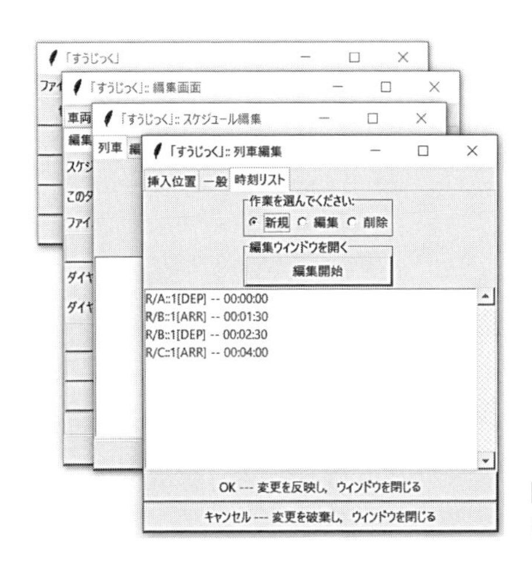

図 2–73 作業 31 終了後の列車編集ウィンドウ．新たに C 駅到着時刻が表示されています．

【作業 32】列車編集ウィンドウにて「OK --- 変更を反映し，ウィンドウを閉じる」ボタンをクリックします．

列車編集ウィンドウが閉じられ，スケジュール編集ウィンドウに戻ります．空だった列車リストボックスに「各停 1」が現れていれば大丈夫です．

図 2-74　作業 32 終了後のスケジュール編集ウィンドウ．列車「各停 1」が表示されています．

2-3-9　編成データの入力

次に，編成データを入力します．

「列車」が列車ダイヤ上の実体のない存在であるとしますと，「編成」はその列車を構成する実体のある存在という言い方ができます．ある編成は，列車ダイヤ上の複数の列車に割り当てることができます（もちろんルールが守られているのは前提ですが…例えば，新宿駅にある時刻に到着する列車に割り当てられていた編成を，その時刻の 1 分後に 200 km 以上離れた松本駅から出発する別な列車に割り当てることはできない，とか）．ただ，今回は単純な列車ダイヤですので，あまり複雑なことを考える必要はありません．とりあえず，手順をご説明しましょう．

【作業 1】スケジュール編集ウィンドウにおいて，「編成」タブをクリックします．

空の編成リストボックスが表示されているはずです．

図 2-75　スケジュール編集ウィンドウで「編成」タブをクリックした直後．リストボックスには例によって何もありません．

【作業 2】スケジュール編集ウィンドウにおいて作業の選択肢の中から「新規」ラジオボタンをクリックし，「編集開始」ボタンをクリックします．

こうすると，編成編集ウィンドウがオープンします．

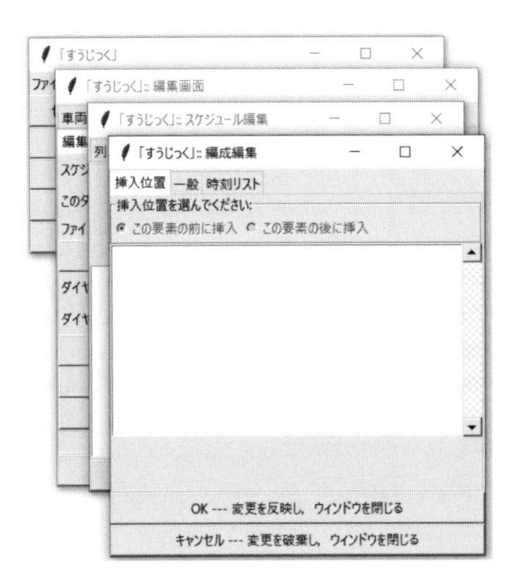

図 2-76　ポップアップしてきたばかりの編成編集ウィンドウ．

【作業 3】編成編集ウィンドウの「一般」タブをクリックし，編成名を入力します．

「編成名:」欄に「L1」と入力しましょう．

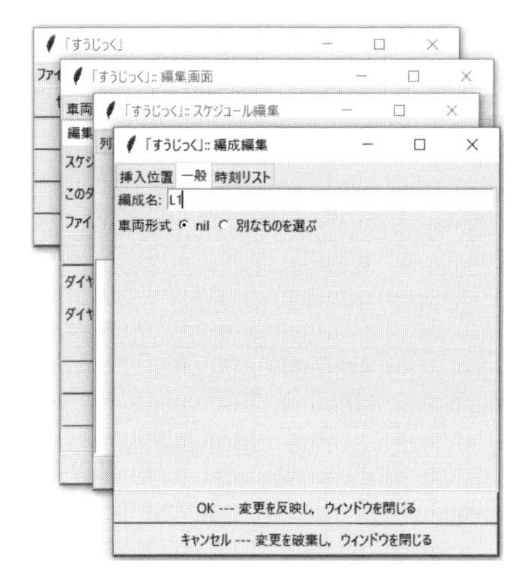

図 2-77 編成編集ウィンドウの「一般」タブをクリックし，編成名「L1」の入力（作業 3）を終えたところ．この後，車両形式の選択に移ります．

【作業 4】編成編集ウィンドウの「車両形式: 」欄の「別なものを選ぶ」ラジオボタンをクリックします．

一要素選択ウィンドウがポップアップしてきます．

図 2-78 車両形式選択のための一要素選択ウィンドウ．「1000 形」を選択します．

【作業 5】一要素選択ウィンドウにて車両形式「1000 形」を選択（リストボックスから選びクリック）し，「OK --- 変更を反映し，ウィンドウを閉じる」ボタンをクリックします．

一要素選択ウィンドウが閉じられ，編成編集ウィンドウの「車両形式」欄は左側のラジオボタンのテキストが「1000 形」に変化し，それが選択されているはずです．

図 2-79　作業 5 終了後の編成編集ウィンドウ．車両形式「1000 形」が選択された状態になっています．

【作業 6】編成編集ウィンドウの「時刻リスト」タブをクリックします．

空の時刻リストボックスが表示されます．

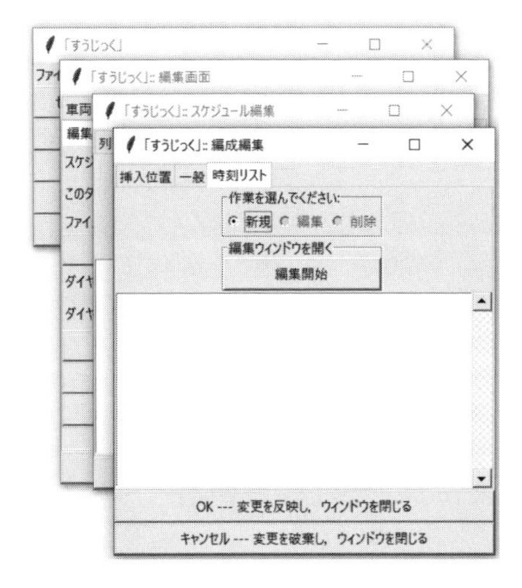

図 2-80　編成編集ウィンドウの時刻リストタブ．作業 6 終了時点では当然ながらリストボックスは空です．

【作業 7】編成編集ウィンドウにて，作業の選択肢の中から「新規」を選んでラジオボタンをクリックし，「編集開始」ボタンをクリックします．

こうすると，列車時刻編集ウィンドウと似た形式の，編成時刻編集ウィンドウがポップアップしてきます．

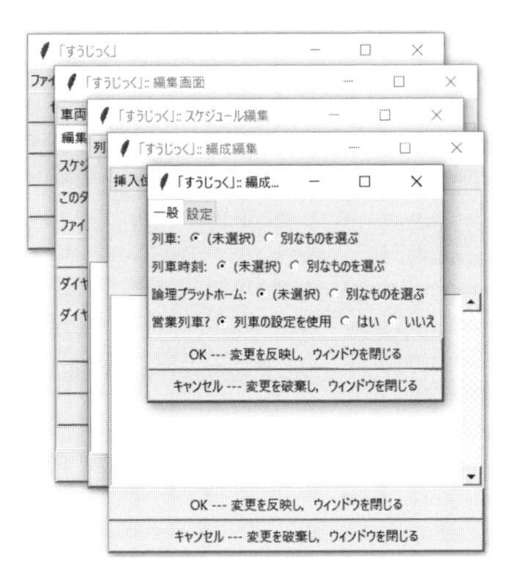

図 2-81　作業 7 でポップアップしてきた編成時刻編集ウィンドウ．列車時刻編集ウィンドウと同様，上から入力していきます．

【作業 8】編成時刻編集ウィンドウの「列車:」欄にある「別なものを選ぶ」ラジオボタンをクリックします．

再び一要素選択ウィンドウがポップアップしてきます．今度は列車のリストが表示されますが，列車は一つ（各停 1）しか設定しなかったので，リストには「各停 1」のみが表示されるはずです．

図 2-82　作業 8 でポップアップしてきた一要素選択ウィンドウ．選択可能な列車がすべて表示されますが，今回は「各停 1」一つだけが表示されます．

【作業 9】一要素選択ウィンドウにて，列車「各停 1」を選択（リストボックスから選びクリック）し，「OK --- 変更を反映し，ウィンドウを閉じる」ボタンをクリックします．

一要素選択ウィンドウが閉じられ，編成時刻編集ウィンドウの項目「列車」は「各停 1」が選択された状態になっているはずです．

【作業 10】編成時刻編集ウィンドウにおいて「列車時刻」欄にある「別なものを選ぶ」ラジオボタンをクリックします．

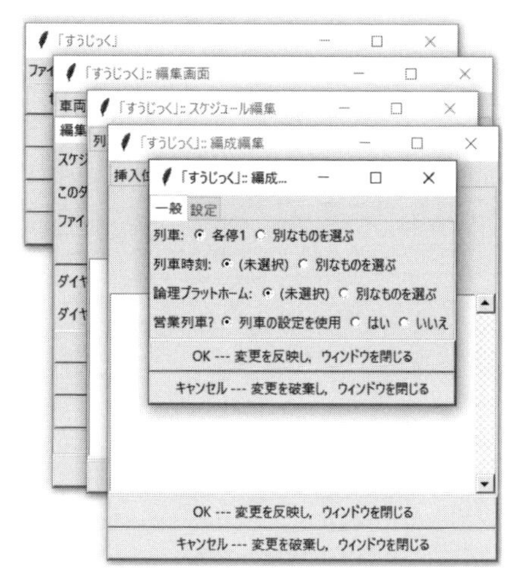

図 2-83 作業 9 終了後の編成時刻編集ウィンドウ．

再び一要素選択ウィンドウがポップアップしてきます．こんどは列車時刻のリストが表示されるはずです．列車時刻は，先ほど列車編集ウィンドウの「時刻リスト」タブ内のリストボックスに表示されていたものと同様の形式，つまり「路線名/駅名 :: 物理プラットホーム名 [発着通過の別] -- 時刻」と表示されます（発着通過の別は，発車が DEP，到着が ARR，通過が PAS）．ただ，最初の選択なので，発車時刻のみが表示され，到着時刻はリストから外されています．

図 2-84 作業 10 でポップアップしてくる一要素選択ウィンドウ．選択可能な列車時刻が一覧表示されています．作業 11 では，A 駅出発時刻，すなわち「R/A::1[DEP]」とあるものを選択します．

【作業 11】一要素選択ウィンドウにおいて，最も上のエントリを選択し，「OK --- 変更を反映し，ウィンドウを閉じる」ボタンをクリックします．

ちなみに，最も上のエントリというのはこの場合「A 駅出発時刻」，すなわち「R/A::1[DEP]」とあるエントリになります．

作業を終えますと，一要素選択ウィンドウが閉じられ，編成時刻編集ウィンドウの項目「列車時刻」は「各停 1@A::1[DEP]」というものが選択された状態になっているはずです．この項目は，おわかりかと思いますが，「列車名@駅名 :: 物理プラットホーム名 [発着通過の別]」という形式になっています．

図 2-85　作業 11 終了後の編成時刻編集ウィンドウ．

【作業 12】編成時刻編集ウィンドウにおいて「論理プラットホーム:」欄にある「別なものを選ぶ」ラジオボタンをクリックします．

再び一要素選択ウィンドウがポップアップしてきます．今度は「論理プラットホーム」のリストが表示されるはずです．

論理プラットホームはちょっと説明を要する概念です．ある駅に列車に乗って到着した乗客が，駅を出ることなく，いま来た方角へ戻る別な列車に乗り換える，ということは「通常は」ないですよね．このようなことをやってしまうと，場合によっては不正乗車扱いになることもあるかもしれません．しかし，急行列車などがあって列車ダイヤが複雑な路線では，このような折返し乗車をしたほうが目的駅に早着できる，というケースが実際にあるとも思います．このように，運賃制度上禁止に近い扱いになっているのに到着が早いと，「すうじっく」の乗客流シミュレーションはその早いルートにどんどん乗客を割り付けてしまいます．そこで，そのような動きが最初からできないモデル構成を（やりたければ）できるように，物理的な存在としての編成が到着する「物理プラットホーム」とは別に，論理プラットホームというのをモデルに組み込んであります．例えば，列車は物理プラットホーム１に発着するとしたとき，到着時は論理プラットホーム「１降」に到着，発車時は同「１乗」から出発，というふうにデータを書いておけるようにします．このとき，「１降」からは一方通行の出口への通路だけが存在し，「１乗」へはこれまた一方通行の入口からの通路だけが存在する，というふうにデータを書いておきます．そうすると，この駅でこの列車を降りた人は出口には行けるが，別な列車に乗換えはできない，といった形のデータが容易に記述できます．

今回はそのような面倒なことは考えず，論理プラットホームは物理プラットホームと同じ名前のものが各プラットホーム当たり一つずつあるモデルになっています．論理プラットホームは必ず物理プラットホームに紐付けられているので，今回は列車「各停１」が発車する物理プラットホーム「A::1」に対応する「A:=:1」（:=: は論理プラットホームを表す記号です）だけがリストに見えています．

図 2-86　作業 12 でポップアップしてくる一要素選択ウィンドウ．選択可能な論理プラットホームが一覧表示されていますが，ここで選択可能なのは物理プラットホーム「A::1」に対応する「A:=:1」だけです．

【作業 13】一要素選択ウィンドウにて，論理プラットホームを選択（リストボックスから選びクリック）し，「OK --- 変更を反映し，ウィンドウを閉じる」ボタンをクリックします．

ここで選択肢は一つしかありませんので，「A:=:1」を選択してください．作業 13 が終わりますと，一要素選択ウィンドウが閉じられ，編成時刻編集ウィンドウの項目「論理プラットホーム」は「A:=:1」が選択された状態になっているはずです．

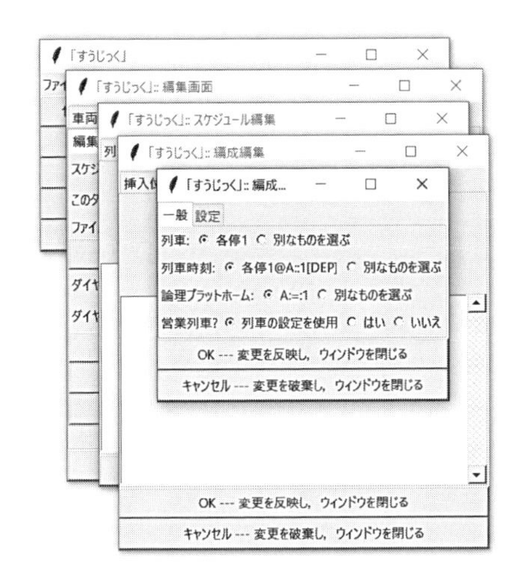

図 2-87　作業 13 終了後の編成時刻編集ウィンドウ．この後「営業列車？」の項目を入力します．

【作業 14】編成時刻編集ウィンドウの「営業列車？」欄において「列車の設定を使用」ラジオボタンが選択されていることを確認します．選択されていなかった場合，それをクリックします．

この項目は，列車時刻について設定したものと同様です．分割併合など特殊な事情がない列車ダイヤであれば，「列車の設定を使用」で問題ありません．

【作業 15】編成時刻編集ウィンドウにて「OK --- 変更を反映し，ウィンドウを閉じる」ボタンをクリックします．

編成時刻編集ウィンドウが閉じられ，編成編集ウィンドウに戻ります．時刻リストに A 駅発車に関するデータが追加されます．

この後は，B 駅到着，B 駅発車…　と，列車「各停 1」の動きの順にデータを入力していきます．

図 2-88　作業 15 終了後の編成編集ウィンドウ．時刻リストに A 駅発車時刻が「各停 1@A:=:1[DEP]」と表示されているのがわかります．

【作業 16】作業 7 を繰り返します．

再び編成時刻編集ウィンドウがポップアップしてきます．ただし，今回は作業 7 のときと異なり，列車はすでに入力され，選択できなくなっています．この辺は列車時刻の入力のときと同様です．

図 2-89　作業 16 でポップアップしてくる編成時刻編集ウィンドウ．「列車」欄は選択自体ができません．この次の作業 17 で，項目「列車時刻」から入力していきます．

【作業 17】作業 10 を繰り返します．

列車時刻がリストボックスにいくつか表示された形の一要素選択ウィンドウがポップアップしてきます．今回は，先ほど入力したA駅発車の後，この編成が次に到着するのがどこかを入力することになりますので，B駅のデータ（具体的には「R/B::1[ARR]」とあるもの）を選択します．

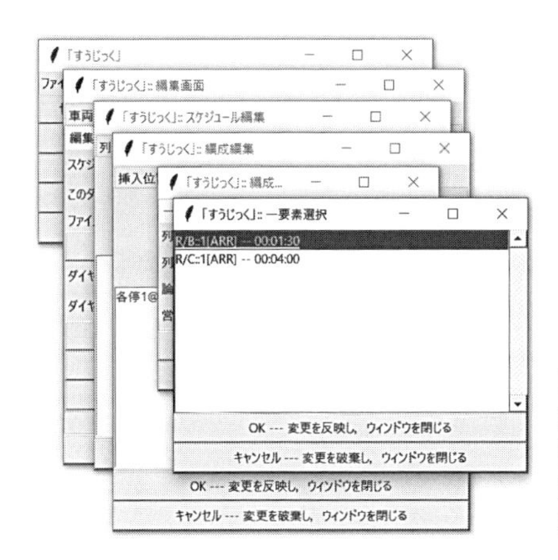

図2-90　作業17でポップアップしてくる一要素選択ウィンドウ．選択可能な列車時刻が一覧表示されています．作業18では，B駅到着時刻，すなわち「R/B::1[ARR]」とあるものを選択します．

【作業18】作業11を繰り返します．

今回，最も上のエントリというのはこの場合「B駅到着時刻」，すなわち「R/B::1[ARR]」とあるエントリになります．

作業を終えますと，一要素選択ウィンドウが閉じられ，編成時刻編集ウィンドウの項目「列車時刻」は「各停1@B::1[ARR]」というものが選択された状態になっているはずです．

【作業19】作業12，13を繰り返します．

論理プラットホームは今回も選択肢が一つしかありませんので，「B:=:1」を選んでいただきます．そうすると，編成時刻編集ウィンドウ上の項目「論理プラットホーム」はラジオボタン「B:=:1」が選択された状態になっているはずです．

【作業20】作業14，15を繰り返します．

編成時刻編集ウィンドウが閉じられ，編成編集ウィンドウに戻ります．時刻リストにB駅到着に関するデータが追加されます．

図 2-91　作業 20 終了後の編成編集ウィンドウ．時刻リストに B 駅到着時刻が「各停 1@B:=:1[ARR]」と追加・表示されているのがわかります．

引き続き，B 駅発車データ．

【作業 21】作業 7，8，9，10，11，12，13，14，15 を繰り返します．

今回の作業でも編成時刻編集ウィンドウがポップアップしてきますが，その内容は作業 7 でポップアップしてくるものと同じです．したがって，列車の選択から繰り返していただきます．これは，途中で列車の分割併合や列車番号の変更などの事情により，同じ編成が別な列車に変わることがあり得るためです．走行中はそのようなことはないものとして，列車の選択は駅停車後の発車時のみと割り切ってあります．今回，選択肢は結局「各停 1」しかないのですが．

作業 11 における選択肢は，先ほどは 2 つでしたが，今回は一つ減ります．当然その唯一の選択肢となる「R/B::1[DEP]」（B 駅出発）を選択してください．論理プラットホームの選択（作業 13）では「B:=:1」を選択（これまた唯一の選択肢です）．

作業が終了しますと，時刻リストに B 駅出発のデータが追加されます．最後に，C 駅到着のデータです．

【作業 22】作業 16，17，18，19，20 を繰り返します．

作業 18 では，選択肢が「C 駅到着時刻」，すなわち「R/C::1[ARR]」とあるエントリの一つだけになっているはずです．これを選択していただきます．作業 19 で選択する論理プラットホームは「C:=:1」となります．

図 2-92　作業 22 終了後の編成編集ウィンドウ．時刻リストに四つのエントリがあります．

【作業 23】編成編集ウィンドウにて「OK --- 変更を反映し，ウィンドウを閉じる」ボタンをクリックします．

編成編集ウィンドウが閉じられ，スケジュール編集ウィンドウに戻ります．空だった編成リストボックスに「L1」が現れていれば大丈夫です．

図 2-93　作業 23 終了後のスケジュール編集ウィンドウ．編成「L1」が表示されています．

【作業 24】スケジュール編集ウィンドウにて「ウィンドウを閉じる」ボタンをクリックします．

スケジュール編集ウィンドウが閉じられ，編集ウィンドウ（図 2-47）に戻ります．

2-3-10　旅客行動モデルデータ・旅客出現モデルデータの入力

列車ダイヤが入力できましたので，いよいよ旅客関連のデータとなります．これらは，旅客行動モデルと旅客出現モデルという形に分けられています．

旅客行動モデルというのは，文字どおり旅客の行動をモデル化したものです．「すうじっく」では，ともかく目的駅に早く着くということだけを考えて行動する旅客のモデルのみ用意しています（本当は，何があっても座席獲得を目指す旅客，とか，ともかく所要時間の短い列車を選ぶ旅客，とかいった行動も模擬したいのですけれど）．ただし，1-4 節にて説明したとおり「事前調査なし」（F1）と「事前調査あり」（F2）では行動の仕方がだいぶ異なりますので，それぞれについて別なモデルを用意します．ちなみに，以下で入力するデータにおいては，単純化のためこれらのうち F1 モデルのみを利用することにします．

これとは別に旅客出現モデルというのを用意していますが，これは例えば同じ F1 行動モデルに従い行動する旅客が，どのような確率で駅に現れるか，ということについてのモデルを旅客行動モデルと分離して用意しているということです．これについては，いまのところ時間当たりの出現確率が均一なもののみが用意されています．

旅客出現モデルにおける出現確率は，OD 表（2-3-1 項および表 2-1 参照）の形で発駅・着駅の組合せごとに与えます．例えば，表 2-1 の数字の単位は「人/h」となっていますが，旅客出現モデルの設定においては OD 表の数字の単位を「人/x 分」とし，x の数値も与えられるようにしてあります．こうしておくと，例えば，あるシミュレーションのために作ったデータの他の部分を一切変更せず，旅客の出現数のみ半分にしたい，といった要求があったとき，いちいち OD 表全体を入力するのではなく，x の数値を倍にすることで手軽に対応できるようになります（やってみるとわかりますが，OD 表の入力というのは極めて面倒です）．

では，旅客行動モデルから設定していきます．2-3-9 項末尾の「作業 24」を行った後で，編集ウィンドウが立ち上がっている状態であると仮定します．

【作業 1】編集ウィンドウにおいて「需要」タブをクリックします．現れた子タブのうち「旅客行動」をクリックします．

空の旅客行動モデルリストボックスが表示されているはずです．

図 2-94　編集ウィンドウの「需要」タブを開いたところ．空の「旅客行動モデルリスト」があります．

【作業 2】編集ウィンドウにおいて作業の選択肢の中から「新規」ラジオボタンをクリックし，「編集開始」ボタンをクリックします．

こうすると，旅客行動モデル編集ウィンドウがポップアップしてきます．

【作業 3】旅客行動モデル編集ウィンドウにおいて「一般」タブをクリックし，「モデル名:」欄にモデル名を入力します．

「モデル名:」欄には「F1」と入力しましょう．

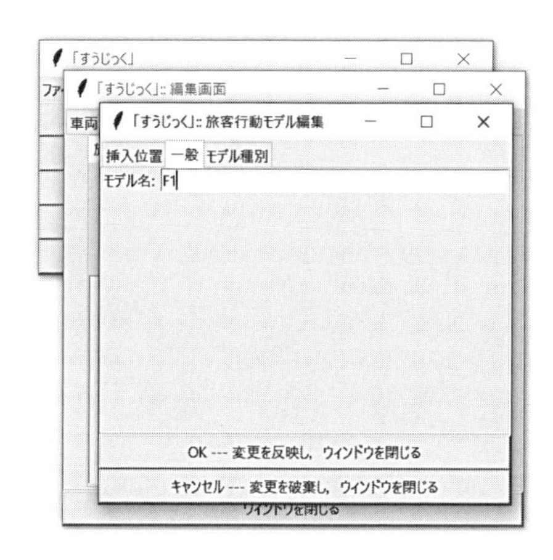

図 2-95　旅客行動モデル編集ウィンドウの「一般」タブを開き，モデル名「F1」を入力し終わったところ．この後「モデル種別」の選択に移ります．

【作業 4】旅客行動モデル編集ウィンドウの「モデル種別」タブをクリックし，「F1」ラジオボタンをクリックし，「OK --- 変更を反映し，ウィンドウを閉じる」ボタンをクリックします．

旅客行動モデル編集ウィンドウが閉じられ，編集ウィンドウに戻ります．表示されている旅客行動モデルリストボックスに「x_passenger_activity_f1::F1」が現れていることを確認しましょう．この x_passenger_activity_f1::F1 とあるうちの :: より前がモデルの種別の名称になります．ちなみに，今のところ意味はないですが，同じ種別のモデルを複数もつことも可能にはなっています．

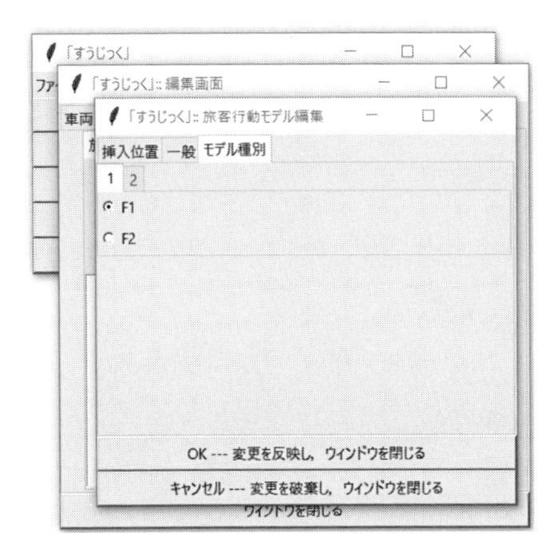

図 2-96　旅客行動モデル編集ウィンドウの「モデル種別」タブを開いたところ．「F1」ラジオボタンがすでに選択されています．ウィンドウ下の「OK --- 変更を…」ボタンを押すと，旅客行動モデル編集ウィンドウは閉じられます．

図 2-97　旅客行動モデル編集ウィンドウを閉じた直後の編集ウィンドウ．「F1」モデルがリストに加わっています．

【作業 5】編集ウィンドウの「旅客出現」タブをクリックします．

空の旅客出現モデルリストボックスが表示されます．

図 2-98　編集ウィンドウで「旅客出現」タブを開いたところ．空の「旅客出現モデルリスト」があります．

【作業 6】編集ウィンドウにおいて作業の選択肢の中から「新規」ラジオボタンをクリックし，「編集開始」ボタンをクリックします．

こうすると，旅客出現モデル編集ウィンドウがポップアップしてきます．

【作業 7】旅客出現モデル編集ウィンドウの「モデル名:」欄にモデル名を入力します．

「モデル名:」欄には「F1C」と入力しましょう．

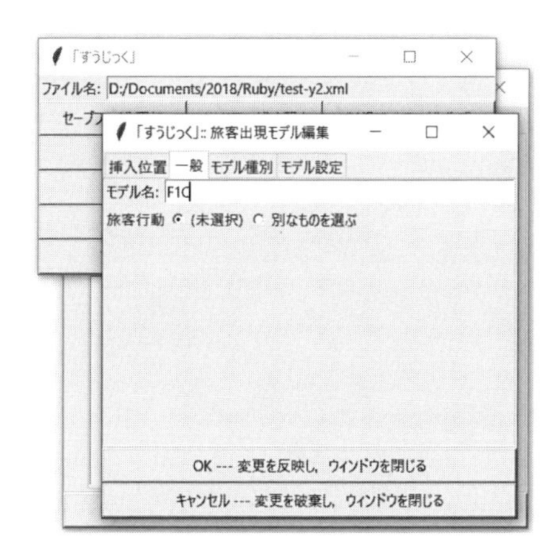

図 2-99　旅客出現モデル編集ウィンドウの「一般」タブを開き，モデル名「F1C」を入力し終わったところ．この後，旅客行動モデルの選択に移ります．

【作業 8】旅客出現モデル編集ウィンドウの「旅客行動」欄の「別なものを選ぶ」ラジオボタンをクリックします．

一要素選択ウィンドウがポップアップしてきます．

図 2-100　旅客行動モデルを選択する一要素選択ウィンドウがポップアップしてきたところ．選択肢は一つしかありません．

【作業 9】一要素選択ウィンドウにおいて，旅客行動モデル「x_passenger_activity_f1::F1」を選択（リストボックスから選びクリック）し，「OK --- 変更を反映し，ウィンドウを閉じる」ボタンをクリックします．

一要素選択ウィンドウが閉じられ，旅客出現モデル編集ウィンドウに戻ります．ラジオボタンのラベルが変更されていることを確認してください．

図 2-101　一要素選択ウィンドウが閉じられ，旅客出現モデル編集ウィンドウに戻ってきたところ．「旅客行動」欄のラジオボタンのラベルが「F1」に変化しています．

【作業 10】旅客出現モデル編集ウィンドウの「モデル種別」タブをクリックし，「F1 均一流入モデル」が選択されていることを確認します．

旅客出現モデルは旅客行動モデルに対応したものを選ばなければなりません．現時点では複数の選択肢はなく，この「F1 均一流入モデル」だけが選択可能なので，そのことを確認したうえで次に進みます．

【作業 11】旅客出現モデル編集ウィンドウの「モデル設定」タブをクリックします．

OD 表の周期，および OD 編集ボタンが現れます．

【作業 12】「モデル設定」タブにおいて，「OD 表の周期」欄が 1 時間（1:00:00）となっていることを確認し，「OD 編集」ボタンをクリックします．

OD データ編集ウィンドウがポップアップしてきます．最初，このウィンドウは「発駅指定」モードになっています．

図 2-102　旅客出現モデル編集ウィンドウの「モデル設定」タブ．OD の周期のデフォルト値として 1：00：00（1 時間＝3 600 秒）がすでに入力されています．

図 2-103　ポップアップしてきた OD データ編集ウィンドウ．「発駅指定」モードになっています．OD 表は行列形式となりますが，長大な路線をシミュレーションするときなどは一度に大量の入力をするのが大変なので，入力の対象にする発駅をいくつか選びます．

【作業 13】OD データ編集ウィンドウにおいて「A」･「B」の２駅をマウスで選択します．その後，「これらの発駅を選択する」ボタンをクリックします．

これらの駅が「発駅」として選択され，ウィンドウは今度は「着駅指定」モードに変化します（駅リストボックスがあるので同じ画面に見えますが，注意してください）．

図 2-104　作業 13 が終了すると，OD データ編集ウィンドウは「着駅指定」モードに変化します．ウィンドウ内のメッセージやボタンのラベルが変化していることに注意．

【作業 14】OD データ編集ウィンドウにおいて「B」･「C」の２駅をマウスで選択します．その後，「これらの着駅を選択する」ボタンをクリックします．

OD テーブル編集ウィンドウがポップアップしてきます．

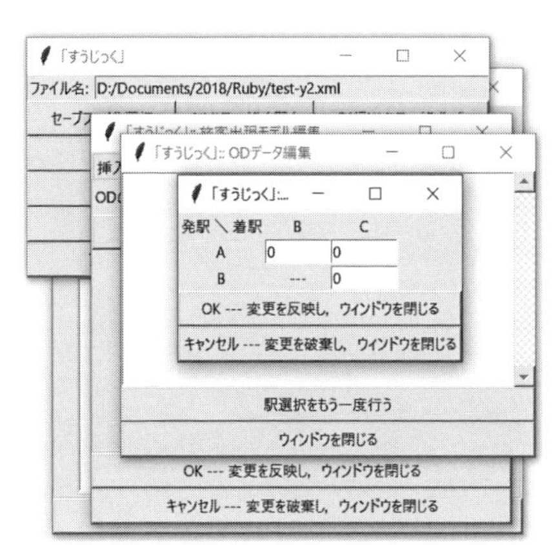

図 2-105　作業 14 が終了するとポップアップしてくる「OD テーブル編集ウィンドウ」．

【作業 15】OD テーブル編集ウィンドウにあるすべての入力可能なセルに，表 2-1 のとおりに数値を入力します．

B 駅発，B 駅着は意味がないので，入力自体が不可能となっています．あとは，表 2-1 にあるとおり入力していただければ大丈夫です．

【作業 16】OD テーブル編集ウィンドウの「OK --- 変更を反映し，ウィンドウを閉じる」ボタンをクリックします．OD データ編集ウィンドウに戻りますので，ここで「ウィンドウを閉じる」ボタンをクリックし，旅客出現モデル編集ウィンドウに戻ります．ここではふたたび「OK --- 変更を反映し，ウィンドウを閉じる」ボタンをクリックし，編集ウィンドウに戻ります．

作業 5 では空だった旅客出現モデルリストボックス内に「f1_constant_rate_inflow::F1C」が表示されていれば大丈夫です．この f1_constant_rate_inflow::F1C とあるうちの :: より前は，先ほどの旅客行動モデルと同様モデルの種別の名称になります．同じ種別のモデルを複数もつことが可能という点も行動モデルと同様です．

これで，必要な旅客行動モデル・旅客出現モデルの設定が終了しました．

図 2-106 作業 16 終了後の編集ウィンドウ．「旅客出現モデル」リストボックスにエントリが追加されています．

2-3-11　評価用データの入力

旅客関連のデータも入力できましたので，最後に評価のための係数などを入力する部分となります．ここまで，長い旅でした！

ここまでのデータを使えば，すぐにシミュレーションを行い，列車ダイヤ上にあるすべての列車，編成の区間ごとの混雑率，乗客個別の乗換え回数などの数字をはじき出すことができます．しかし，そのままでは多くの評価量が出力されるだけで，お手軽に「このダイヤは○点」「それをこう変えたら◇点」のようにダイヤの良し悪しを比較することができません．

そもそも，列車ダイヤの基本的な評価量は1-3-2節（16ページ）に記載したように「旅客輸送量」「トレインアワー」「カーアワー」「平均速度」および「実効混雑度」の5種類です．「すうじっく」ではこのうち「旅客輸送量」を除く四つのみを評価しますが，この評価量は本来それぞれ独立なものです．これを無理に一つの数字にまとめる行為は，受験生を偏差値という単一の数字で測る進路指導（！）のように（同じ偏差値でも「数学がデキて英語はダメな人」と逆に「英語がデキて数学がダメな人」がいる，というのはよくある話ですね），不適切な要素を含まざるを得ません．きちんとした列車ダイヤの評価は，個別の評価指標をきちんと見比べて，行われるべきものです．

しかしながら，いい加減なものであってもやはり単一の数字が出てくる「お手軽な評価」もできるものならしたい，という気持ちは理解できます．幸いなことに，乗客目線の評価については「金額換算」という比較的信頼に足る方法があるので，そのための係数をここで入力するようになっています．

このほか，「すうじっく」がこうした評価量を書き込んで出力する評価結果ファイル（有名なMicrosoft Excelなどのスプレッドシートソフトで読める「ODS」（Open Document Spreadsheet）形式になっています）のファイル名の指定もここで行います．

金額換算というのは，乗客から見たさまざまな評価（旅行時間の長短，座席の有無，乗換え回数など）をお金に換算して，「合計費用が乗客一人当たりいくら」といった形で表示するものです．鉄道に乗るという行為には何らのメリット（効用）もない，という考え方が背景にあるので，こうした数値をわれわれはよく

「不効用」と呼んでいます．鉄道大好きな方のお気持ちはおいておくとしても，極端に運賃料金の高い豪華列車などが話題になっていることからもわかるとおり，この考え方には多少の違和感をもたざるを得ませんが，こうした考え方でこれらの評価を金額換算する手法の有効性はさまざまな方法で検証されてきている，とだけここでは申し上げておきましょう．その費用の出し方は

- 旅行時間は短い方がよい（より正確には，旅行時間が長いと短い場合に比べて「不効用」が大きくなる）．
- 座席は確保できた方がよい（より正確には，座席が確保できないと確保できた場合に比べて「不効用」が大きくなる）．
- 乗換え回数は少ない方がよい（より正確には，乗換え回数が多いと少ない場合に比べて「不効用」が大きくなる）．
- 乗換えなどのための駅構内における歩行時間は少ない方がよい（より正確には，歩行時間が長いと短い場合に比べて「不効用」が大きくなる）．
- 駅における列車待ちの時間は短い方がよい（より正確には，待ち時間が長いと短い場合に比べて「不効用」が大きくなる）．

以上のように考えたうえで，その不効用は時間ないし回数に比例すると考えます．そして，ここで入力する比例係数（単位は「円/分」とか「円/回」とかいう単位になります）を用いて，それぞれの項目を貨幣換算したうえで，その和をとるわけです．そうすると「この列車ダイヤの不効用は乗客一人当たり○○円」といった数字が出てくるので，これを比較することで乗客から見た列車ダイヤの優劣が容易に判定可能になります．

ただ，「比較的信頼に足る」とはいうものの，「すうじっく」が現在もっているモデルは必ずしも十分によいものではないとも思っています．例えば，同じ1分間列車に乗るのでも，列車の混雑の度合いにより話はだいぶ違うはずです．座席が確保できず立たされるという点では同じ状況でも，混雑率が80％の状況と200％の状況ではその立たされた乗客の不快さは桁違いでしょう．しかし「すうじっく」ではどちらに対しても同一の評価係数を用いますから，そのようなことは考慮していないことになります．また，同じ200％の混雑であっても，1分ならがまんするが15分はだめ，60分となったらとうてい許しがたい，といったふうに，「不効用は時間に比例する」という仮定も適切か疑わしいところがありま

す．しかし，もともと用意している行動モデルが，1-4節で説明したように混雑など考慮せず「乗りたいように乗る」思想の簡易モデルですので，評価の部分だけ改良する意義は必ずしも明確とはいえないため，伝統的な評価モデルをそのままにしてあります．

このような「評価をどう行うか」に関するデータや方法を，「すうじっく」では「評価器オブジェクト」という形にまとめてあります．評価器オブジェクトは一つのシミュレーションデータにいくつ記述してもよいようですが，複数記述する意味はあまりないと思います．

作業は，前項の作業16が終わり，編集ウィンドウに戻ったところから始めましょう．

【作業1】編集ウィンドウにおいて「評価」タブをクリックします．

空の評価器モデルリストボックスが表示されているはずです．

図2-107 編集ウィンドウの「評価」タブを開いたところ．空の「評価器モデルリスト」があります．

【作業2】編集ウィンドウにおいて作業の選択肢の中から「新規」ラジオボタンをクリックし，「編集開始」ボタンをクリックします．

こうすると，評価器パラメータ編集ウィンドウがポップアップしてきます．

【作業3】評価器パラメータ編集ウィンドウにおいて「評価器名:」欄に評価器名を入力します．

「評価器名:」欄には「EV」と入力しましょう．Evaluatorの略のつもりです(お好きな名前にご変更いただくことも可能です)．

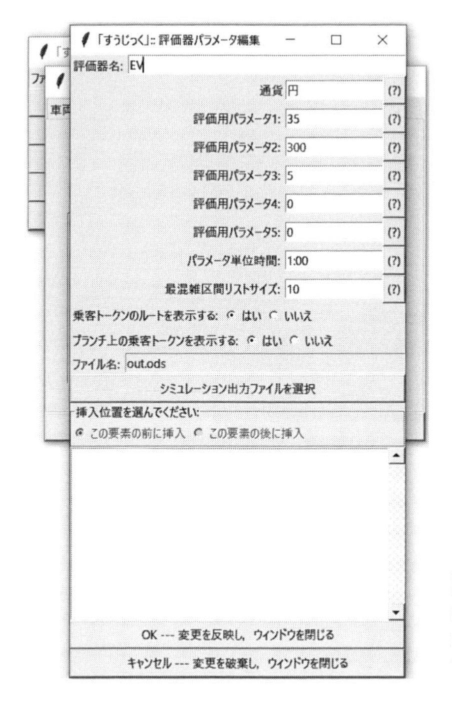

図 2-108 評価器パラメータ編集ウィンドウの「評価器名」欄にモデル名「EV」を入力し終わったところ．この後「シミュレーション出力ファイル」の選択に移ります．

【作業 4】同じ画面において「シミュレーション出力ファイル選択」ボタンをクリックし，ダイアログによりシミュレーション出力ファイルを指定してください．

ここでは C:¥Sujic-book¥datafiles¥out-EV.ods としましょう．「保存」ボタンを押してダイアログを閉じ（この時点ではファイル名を指定しただけでファイルはまだ作成されません），編集画面の「ファイル名: 」欄のファイル名が変化したことを確認してください．

【作業 5】同じ画面の多くの入力項目をひととおり確認してください．

例えば，通貨はデフォルトで「円」が入っていますが，お好みで「ドル」とかにしていただいてもいいように，一応なっております．

また，「評価用パラメータ 1～5」なる五つの実数パラメータがあります．これらをご確認ください．ちなみに，あまりに以前のことなので文献が散逸してしまった（！）ので元はよくわからないのですが，かつて土木系の論文にこうした数字の根拠となるものがあり，長年（おそらく 30 年以上！）われわれのグループではこの値を使ってきています．

●パラメータ 1：旅行時間損失．1 分当たり 35 円

●パラメータ 2：乗換え損失．1 回当たり 300 円

●パラメータ 3：立席損失．1 分当たり 5 円

●パラメータ 4：駅構内歩行損失．1 分当たり 0 円

●パラメータ 5：待ち時間損失．1 分当たり 0 円

パラメータ 1（旅行時間損失）は，要するに旅行時間 1 分当たりの「基本的な」不効用です．

より最近のデータを探してみますと，国土交通省が監修している「鉄道プロジェクトの評価手法マニュアル 2005」（国土交通省　2005）には「時間評価値 48.2 円/分」という数値例が掲載されています（p. 121）から，われわれがここで仮定している 35 円/分という旅行時間損失はやや安いものの「当たらずとも遠からず」ということになりそうです．ちなみに，この旅行時間損失，ないし時間評価値というものは，おおむね勤労者の時間当たり賃金に比例すると考えられています．先ほどのパラメータ 1（旅行時間損失）の値，1 分当たり 35 円を 1 時間当たりに直しますと 2 100 円になり，確かに勤労者の時給に近い値です．日本は長いことデフレが続いているようなのは悲しいことですが，このためこのあたりのデータが古くてもいまだに有効で，われわれとしては便利なのです….

立席損失，駅構内歩行損失および待ち時間損失は，旅行時間損失に加えて 1 分当たりいくらという形で追加されるものです．例えば座席が確保できずに列車に 5 分乗った場合，35 円/分×5 分の旅行時間損失に加え，5 円/分×5 分の立席損失が追加されることになります．

なお，例えば単位時間 1 分当たり 35 円というつもりで「評価用パラメータ 1:」の欄に 35 と入力しているわけですが，単位時間として別な値（例えば 1 時間）を使用してもよいように，単位時間の入力欄も用意されています．デフォルトは 1 分（1:00）です．

パラメータ 4（駅構内歩行損失）およびパラメータ 5（待ち時間損失）は，筆者が比較的最近（とはいえすでに 20 年程度前のことですが）追加した新しい係数です．機能はもたせてあるものの，0 という値を入れて評価する（つまり「使わない」）のが一般的です．一方，パラメータ 2（乗換え損失）は乗換え 1 回当たりで

旅行時間損失7分程度にも相当する値となっていますが，これは少々大きすぎかもしれません。この値を決めたのはパラメータ4がモデルになかった当時であり，本来ならパラメータ4によって評価されるべき駅構内歩行（都心の巨大な駅のようなものを除けば乗換えのときだけ問題になります）も「何となく」含んでいるのかも，と思います．しかし，そこをパラメータ4による評価にきちんと分離したとしても，乗換えが乗客に非常に嫌われるというのはいろいろな場面で観測される事実でもありますので，パラメータ2の値はこれで「当たらずとも遠からず」であろうとも考えています．

その下は，シミュレーション出力ファイルに含めるデータの数や種類を指定するものです．「最混雑区間リストサイズ：」とは，区間ごとの列車の混雑度を混雑している順に表示するリストに含める区間の数を表すものですが，今回は規模が小さく10では「大きすぎ」というところです．大きい分には問題ないと思われますので，そのままにしておきましょう．「乗客トークンのルートを表示する：」および「ブランチの乗客トークンを表示する：」は，結果ファイルに乗客の動きに関するデータを詳細に記述するかどうかを選択するものです．どちらも「はい」となっていると思いますので，今回はそのままにしておきましょう（規模の大きい路線やダイヤを取り扱う場合は「いいえ」を選択しないとうまく動かないことがあるかもしれませんが，今回の例であればまったく問題になりません）．

確認がすみましたら，いよいよ最終的にできあがったデータをセーブしておきましょう．

【作業6】評価用パラメータ編集ウィンドウの最下部の「OK --- 変更を反映し，ウィンドウを閉じる」ボタンをクリックして閉じます．

編集ウィンドウの評価器リストボックスに「EV」が現れているはずです．

図2-109　評価器パラメータ編集ウィンドウから編集ウィンドウに戻った直後．評価器リストボックスに「EV」が現れています．

【作業 7】編集ウィンドウの最下部の「ウィンドウを閉じる」ボタンをクリックして閉じた後，初期ウィンドウにおいて「XML ファイルを書き出す」ボタンをクリックします．

こうすると，ここまでの作業内容をデータ化した XML ファイルが，2–3–2 項の作業 4 で指定したファイル（C:¥Sujic-book¥datafiles¥first.xml）に上書き保存されます．

2–3–12　シミュレーションしてみましょう

やっとここまできました．これで，シミュレーションの準備が完了したことになります．

【作業 1】初期ウィンドウにおいて「編集開始」ボタンをクリックし，ポップアップしてきた編集ウィンドウにおいて「ダイヤ」タブをクリックし，画面内のボタン「現在のスケジュールをチェックする」をクリックします．

正当なデータを入力してあるはずなので，ここでは問題なくチェックをパスするはずです．

なお，「ダイヤ」タブ内には「ダイヤ図を出力」「ダイヤ図を見る」というボタンもあります（71 ページ，図 2–50 参照）．これを使うと，2–3–7 節の【作業 4】（72 ページ）で入力したファイル名のファイルにダイヤ図データを SVG ファイル（SVG は Scalable Vector Graphics の略で，変倍ベクタ図形などと訳されます）として生成し，それを画面上に表示させることも可能です．まず，「ダイヤ図を出力」ボタンをクリックすると SVG ファイルが書き出されます．引き続き「ダイヤ図を見る」ボタンをクリックすると，それが画面に表示されるか，「このプログラムを開くファイルを選択せよ」とのダイアログが表示されるのではないかと思います（図 2–110）．SVG ファイルは，Google Chrome や Firefox など，近年の主要なブラウザなら表示できると思いますし，試したところでは Internet Explorer でも大丈夫でした．

【作業 2】編集ウィンドウの最下部の「ウィンドウを閉じる」ボタンをクリックして閉じ，初期ウィンドウにおいて「シミュレーションを実行」ボタンをクリックします．

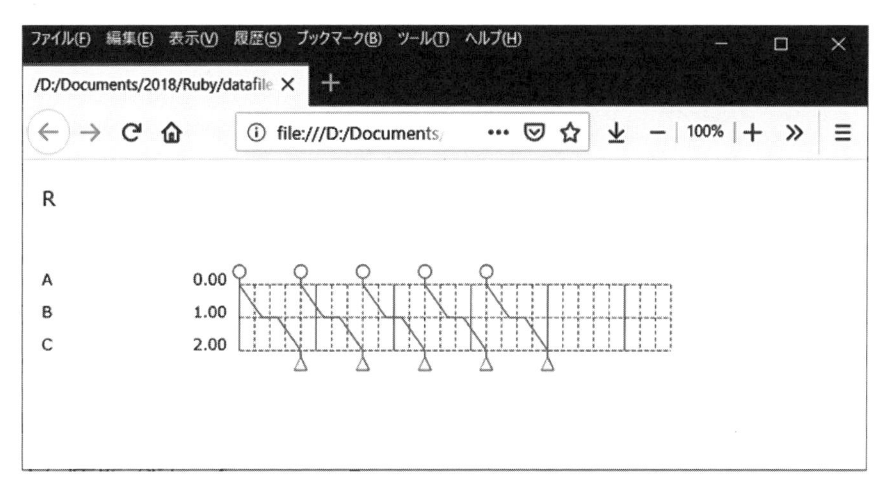

図 2-110 【作業 1】で,「ダイヤ図を出力」「ダイヤ図を表示」ボタンを順にクリックすると,このようなダイヤ図が画面表示されます（詳細デザインの作り込が十分でない「試作品」です…今後に乞うご期待！）.

シミュレーションが実行されます（フロントエンドツールは実行の最中「だまっている」だけなので，巨大なデータを食わせて時間のかかるシミュレーションを行うと，ちょっと心配になるかもしれません．幸い，今回は 3 駅・1 列車という簡単なモデルなので，そのようなこともなくあっという間に実行が終了するものと思います）．無事にシミュレーションが終了した後で，MS Windows の Explorer などを使用して確認すれば，2-3-11 項の【作業 4】で指定した評価結果ファイル C:¥Sujic-book¥datafiles¥out-EV.ods ができていることがわかると思います．

【作業 3】初期ウィンドウの最下部の「プログラムを終了する（セーブされていない変更は失われます）」ボタンをクリックします．

初期ウィンドウが閉じられ，フロントエンドツールが終了します．

この後は，MS Windows の Explorer を使い，評価結果ファイル C:¥Sujic-book¥datafiles¥out-EV.ods をダブルクリックして，このファイルの中身を見てください．恐らく，多くの方の環境では Microsoft Excel が立ち上がり，その中でこのファイルの中身を見ることができると思います．もし Microsoft Excel をおもちでないなどの場合，フリーのオフィスツール（例えば　LibreOffice など）をダウンロード・インストールするなどしてみてください.

このファイルの中身についての説明は，次章に譲ることにしましょう.

［参考文献］

・曽根　悟　1987：新しい鉄道システム，新オーム文庫，オーム社
・中村達也，寺村誠之　1994：「JR 西日本ダイヤ作成支援システム」，JREA，**37**，8，22662-22665.
・前田修吾，まつもとゆきひろ，やまだあきら，永井秀利　2002：Ruby アプリケーションプログラミング，オーム社
・国土交通省鉄道局監修　2005：鉄道プロジェクトの評価手法マニュアル 2005，運輸政策研究機構

第3章

旅客行動シミュレーションはどう働くか

第２章で説明した方法に従って「すうじっく」を動かすと，当然ですがシミュレーション結果を得ることができます．本章では，その結果を読み解く方法と，背後にあるモデルがどのような性質をもっていて，それがどのように評価に影響するか，説明します．

3-1 シミュレーションの出力の詳細

前章までの方法により，「すうじっく」を動かすことができるようになりました．動かしてみると，ODS形式のスプレッドシートファイルが生成された，というところまできました．それでは，さっそく問題のファイル C:¥Sujic-book¥datafiles¥out-EV.ods の中身を表示してみましょう．

3-1-1 「トップ」および「OD」シート

Microsoft Excel で問題のファイルを開いてみると，まず図3-1のようなものが表示されると思います．このシートには「トップ」という名前がついています．このファイルを生成した「すうじっく」プログラムの名称，バージョン番号などのほか，駅やプラットホーム，路線，列車，評価用パラメータなどの一覧が掲載されています．

例えば，この「トップ」シートにおいて，「駅およびプラットホームオブジェクト」および「スケジュールセットおよび編成」という表が見えます．これらの表において「時空ノード」とあるのは，1-4節（特に図1-12）でご説明したように列車ダイヤを「時空間におけるグラフ」として表現したとき，列車の発着に対応

「RTSS-すうじっく」評価結果

「RTSS-すうじっく」バージョン: 6.0.0b1 (Build ID 9401)
(C) 1987-2019 Ryo Takagi. All rights reserved.
シミュレーション実行日時: 2019. 4. 8. 07:05:56 +0900

駅およびプラットホームオブジェクト

駅	プラットホーム	時刻	時空ノード
A	1	0	A::1_DP_各停1_RG
	E	0	A::E_DP_OPD_各停1_RG
	(入口)		A::E_ENTR_
	(出口)		A::E_EXIT_
B	1	90	B::1_AR_各停1_RG
		150	B::1_DP_各停1_RG
	E	90	B::E_AR_OPA_各停1_RG
		150	B::E_DP_OPD_各停1_RG
	(入口)		B::E_ENTR_
	(出口)		B::E_EXIT_
C	1	0	C::1_AR_各停1_RG
	E	0	C::E_AR_OPA_各停1_RG
	(入口)		C::E_ENTR_
	(出口)		C::E_EXIT_

図 3-1　第２章のデータでのシミュレーション結果ファイル out-EV.ods を Microsoft Excel 2019 に読み込んだところ．「トップ」シートが表示されています．

する時空間上の位置にノード（点）（グラフ理論では「頂点」（ヴァーテックス；vertex）と呼ぶこともあります）が打たれることになりますが，そのノードのことをいいます．

特に，「スケジュールセットおよび編成」という表では，編成（列車でないことに注意してください！ 2-3-8 項を参照のこと）に対する時空ノードの一覧が，時

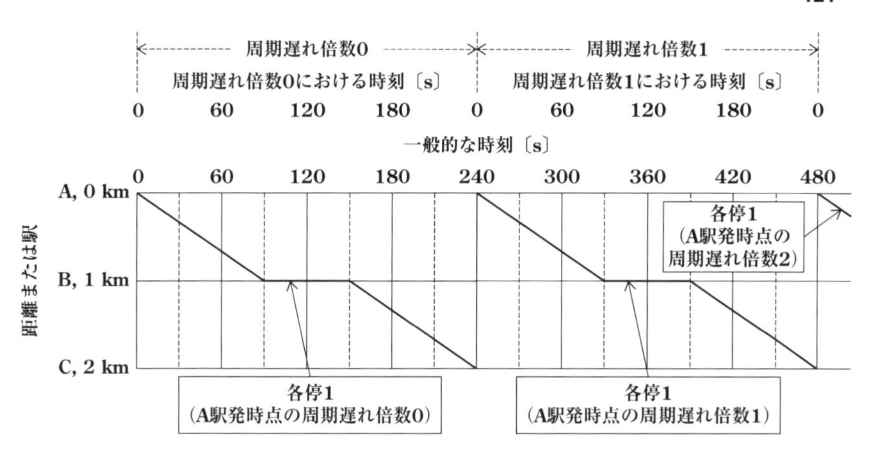

図 3-2 「すうじっく」プログラム内の「時刻」と「周期遅れ倍数」.

刻とともに表示されています.

ところで，列車の発着時刻について，この表においては「時刻」および「周期遅れ倍数」という 2 つの数字によって表現されています（図 3-2）.「すうじっく」においては，列車ダイヤは周期的でなければなりません．2-3-1 項で，列車ダイヤは周期的と仮定しましたが，逆にほかの仮定はできないということになります（周期性の全くない列車ダイヤというのもあり得るとは思いますが，一般的には列車ダイヤは 1 日ごとにほぼ同じ時刻で列車が走るという意味でおおむね周期的であるといえ，このようなプログラムの作り方でそれほど困ることはないと考えられます）．つまり，図 2-11 のような列車ダイヤを入れ，ダイヤの周期を 240 秒に設定すると，図 3-2 のように 240 秒ごとに同じダイヤが繰り返されることになるのです．第 2 章では，時刻 0 において列車「各停 1」が A 駅を出発する，と入力しました．同時にダイヤの周期は 240 秒だとも入力していますから，次の「各停 1」列車が時刻 240 秒に，さらにその次の「各停 1」列車は時刻 480 秒に，それぞれ A 駅を出発することになります．そこで，プログラム内ではこうした「一般的な時刻」を「周期内の時刻」と「周期遅れ倍数」の組で表現することにしているのです.

ただ，2-3-8 項で入力する列車時刻までこの形式で入力させることにすると，いろいろ面倒なことになりますので，列車時刻については「一般的な時刻」で入力し，プログラム内でこの形式の表現に変換することにしています．2-3-8 項で入力した「一般的な時刻」を X〔秒〕，2-3-7 項で入力した周期を T〔秒〕，「周期内の時刻」の値を X_c〔秒〕，「周期遅れ倍数」の値を CD とそれぞれおくと，以下の関係が成り立ちます．

$$X = X_c + CD \times T$$

図 3-3 は 2-3-1 項の仮定に従って評価を行った結果ですので，周期は 240 秒です．したがって，A 駅 1 番線を同じ編成が出発する時刻（対応する時空ノードは「A::1_DP_T_ 各停 1::L1_RG」．時空ノードはプログラムによって機械的に名前がつけられていますが，意味は何となくおわかりいただけるかと…）を 0 とすると，編成 L1 が C 駅 1 番線に到着する「一般的な時刻」（対応する時空ノードは「C::1_AR_T_ 各停 1::L1_RG」）は，「時刻」0，「周期遅れ倍数」1 より 240 秒と計算されるわけです．

スプレッドシートファイル　out-EV.ods には「トップ」以外にいくつものシートがあります．順に見ていくと，「OD F1」というのが見えていると思います（図 3-4）．こちらは，2-3-10 項で入力した OD 表が出力されています．

スケジュールセットおよび編成

スケジュールセット	編成	時刻	周期遅れ倍数	時空ノード
RG	L1	0	0	A::1_DP_T_各停1::L1_RG
(周期: 240)		90	0	B::1_AR_T_各停1::L1_RG
		150	0	B::1_DP_T_各停1::L1_RG
		0	1	C::1_AR_T_各停1::L1_RG

図 3-3　第２章のデータでのシミュレーション結果ファイル out-EV.ods の「トップ」シートのうち，編成「L1」の発着時刻が一覧されている部分．

行動モデル "F1" 用OD行列

出現モデル "F1C" 用OD行列

240 秒当たり	A	B	C
A	--	133.333	266.667
B	--	--	133.333
C	--	--	--

図 3-4　第２章のデータでのシミュレーション結果のうち「OD F1」シートを表示しているところ．シートの A4 セルに「240 秒当たり」と記されています．

注意してみていただきたいのは，シートのA4セル（このシートの最左列の上から4つめのセル）に「240秒当たり」とあるとおり，このシートのOD表に記載されている人数が，240秒当たりの人数とされていることです．2-3-10項でOD表を入力したときは，1時間（=3 600秒）当たりの人数を入力したはずですね？ 一方，この240秒というのは，2-3-7項で入力したスケジュールセットの周期，つまり240秒=4分周期の列車ダイヤというところからきています．このため，人数は2-3-10項で入力した値（つまり表2-1の値）の15分の1となっているはずです．表2-1の値は15では割り切れないので，小数点以下の桁がついているところも見ておいてください．

「トップ」シートや「OD F1」シートにあるこれらのデータは，入力データが正しくシミュレーションに使われているかを確認する意味合いからファイルに含められているものであり，シミュレーション結果だけ見たいなら無視してもかまわない情報です．しかし，シミュレーションをたくさん行うような場合，データを誤って入力してしまうようなことはよくあるので，誤りがないことをこうしたデータによりしっかり確認する必要があります．

3-1-2 「主要評価量」シート：全般的評価量

そして，いよいよその次のシート「RG主要評価量」（図3-5）に移りましょう．このシートが，評価結果のうち最も重要と思われるものをひとまとめにしたシートになります．ちなみに，シート名の「RG」とは2-3-7項でスケジュールセットにつけた名称です．

シートの中身は，「全般的評価」と「トレインアワー・カーアワー」に分かれています．

まず「全般的評価」というのを見てみましょう．こちらは乗客目線の評価量をまとめたものです．16個の評価結果の数字が記載されています．

これらのうち最後の1個を除く15個は3個ずつの組に分かれています．それぞれの組は，旅行時間に関する評価，旅行時間のうち乗車中に座席獲得ができなかった時間（立席時間）に関する評価，乗換え回数に関する評価，旅行時間のうち駅構内を歩いている時間（歩行時間）に関する評価，そして旅行時間のうち駅などでむだに待っていると想定される時間（待ち時間）に関する評価に，それぞ

スケジュールセット "RG" 結果出力

全般的評価

評価項目	単位	値
周期当たり総旅行時間	人・秒	152000
乗客当たり旅行時間	秒	285
乗客当たり旅行時間不効用	円	166.25
周期当たり総立席時間	人・秒	52000
乗客当たり立席時間	秒	97.5
乗客当たり立席不効用	円	8.125
周期当たり総乗換回数	回	0
乗客当たり乗換回数	回	0
乗客当たり乗換不効用	円	0
周期当たり総歩行時間	人・秒	0
乗客当たり歩行時間	秒	0
乗客当たり歩行時間不効用	円	0
周期当たり総待ち時間	人・秒	64000
乗客当たり待ち時間	秒	120
乗客当たり待ち時間不効用	円	0
乗客当たり総不効用	円	174.375

トレインアワーおよびカーアワー

評価項目	単位	値
周期当たり総トレインアワー	秒	240
正規化トレインアワー	列車	1
周期当たり総編成アワー	秒	240
正規化編成アワー	編成	1
周期当たり総カーアワー	秒	720
正規化カーアワー	両	3

図 3-5　シミュレーション結果ファイル out-EV.ods の「RG 主要評価量」シート．

れ関係する数字を表します．各組とも「周期当たり総○○」とあるのは，2-3-1 項で仮定し，2-3-7 項でそのとおり入力した列車ダイヤの周期（240 秒＝4 分）当たりの「○○」の総計を表します．例えば，周期当たり総旅行時間というのは，

1 周期＝4 分当たりの全乗客の旅行時間の総和です．単位はとりあえず「人・秒」とシートには記載されています（より正確には「人・秒／240 秒」ですね）．この「周期当たり総○○」を 1 周期当たりの乗客総数で割って一人当たりの数値としたものが「乗客当たり○○」となります．旅行時間の組ではこれが「乗客当たり旅行時間」で，数値の単位はシートの記載によれば「秒」となります（こちらは正確に「秒」となります…先ほどの「人・秒／240 秒」を「240 秒当たりの乗客の総数」（単位は「人／240 秒」）で割っているので）．そして，最後にこの「乗客当たり○○」の数値に 2–3–11 項で入力した評価係数をかけ合わせますと，「乗客当たり○○不効用」という数値が出てきます．旅行時間の組の場合，これが「乗客当たり旅行時間不効用」で，単位は「円」というわけです．

こうして，旅行時間，立席時間，乗換え回数，歩行時間，待ち時間の 5 種類の不効用が乗客一人当たりの乗客当たり不効用（いずれも単位は「円」）に変換されていますので，この値を合計したものが16番目の数値「乗客一人当たり総合不効用」（単位は「円」）となるわけです．

この不効用の数値は，小さいほど評価の高い列車ダイヤということになることにも注意してください．

3–1–3 「主要評価量」シート：トレインアワー・カーアワー

では，「RG 主要評価量」シートの下の方，「トレインアワー・カーアワー」に移りましょう．ここには，二つの数値が 1 組になったものが 3 組，合計 6 個の評価量が表示されています．

それぞれの評価量は，「周期当たり総○○」および「正規化○○」というふうに呼ばれています．「周期当たり総○○」のほうは，3–1–2 項で出てきたものと同じ意味合いで，列車ダイヤの周期（2 章のデータの例ですと 240 秒）当たり「○○」の総計数値がどのくらい，というような値を表します．例えば，1–3–3 項でご説明した「トレインアワー」でいうと，図 2–11 の列車ダイヤでは 240 秒当たり 1 本だけ列車が存在し，その列車が 240 秒かけて A 駅から C 駅まで移動しているのですから，240 列車・秒のトレインアワー（アワー（hour）といっていますが，要するに次元が時間であればよく，この場合単位は「列車・秒」となるのです）が発生していることになります．これが「総トレインアワー」となります．なお，表中の単位は，列車数が無次元だとみて「秒」とだけ書いてあります．

一方の「正規化○○」は，「周期当たり総○○」を周期で割ったものになります．例えば，図 2-11 の列車ダイヤで「正規化トレインアワー」を求めると，「総トレインアワー」が 240 列車・秒．周期が 240 秒ですから，「正規化トレインアワー」は 1 列車となります．これが意味するところは何でしょうか？　要するに「この列車ダイヤを回すために必要な列車の最低数が 1」となるのです．

このあたり，いろいろ議論の余地があるのは明らかです．例えば，図 2-11 の列車ダイヤで列車が A 駅から C 駅まで 240 秒で移動しているのは確かですが，この時間は A 駅の発車時刻から C 駅の到着時刻までの時間であり，A 駅や C 駅での停車時間が考慮されていません．そのうえ，A 駅から C 駅まで行った列車はふつうは戻ってこなければなりませんが，列車ダイヤにはその戻りのスジも書いてありません．A 駅と C 駅のそばに巨大な車庫でもあって，列車が一方的に A 駅から C 駅に行くが戻ってこない，といったことは現実には考えられません．全能の神が存在し，C 駅に到着した列車を瞬時に A 駅に戻して出発させるといった，あり得ない仮定をするほかなくなってしまいます．しかし，このような片道の列車ダイヤのトレインアワーが小さくできるなら，それをベースにして両方向の動きを含むきちんとしたダイヤをつくったときにも当然トレインアワーは小さくできるはずなので，図 2-11 のダイヤに対する数値が現実性を伴っていないからといって無意味というわけでもないと考えられるのです．

ここには，トレインアワーのほか，「周期当たり総編成アワー」，「正規化編成アワー」，「周期当たり総カーアワー」および「正規化カーアワー」という数字が出てきます．このうち「カーアワー」は 3-1-2 項で「トレインアワー」とあわせてご説明したとおりのものです．このほかに「編成アワー」という概念を用意してありますが，これは「すうじっく」のモデルにおいては列車と編成が 2-3-8 項ほかでご説明したとおり異なる概念になっているためです．2 章のシミュレーション結果においては，「トレインアワー」と「編成アワー」の関係の数字は完全に一致しており，「カーアワー」の関係の数字は「トレインアワー」ほかの数字のちょうど 3 倍（編成長が 3 両編成なので）となっているはずです．

3-1-4 「路線混雑」シート・「列車混雑」シート・「混雑上位」シート

このファイルには，このほか混雑度を表示したシートがいくつか存在します．

まず，「RG 路線混雑」シート（図 3-6）を見ますと，設定した路線の各駅間の実効混雑度が表示されます．第 2 章のデータの場合，列車は 1 周期当たり 1 種別 1 本しか存在しないため，列車の駅間ごとの混雑度がそのまま路線の当該駅間の実効混雑度になるわけですが，ともかくその数値が駅間ごとに表示されます．

次に「RG 列車混雑」シート（図 3-7）を見ますと，設定した編成（列車ではありませんが，第 2 章のデータの場合列車も編成も結果的には同じです）ごとに，

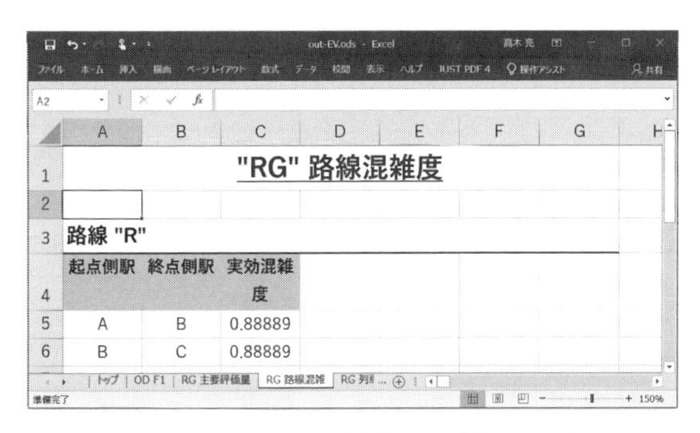

"RG" 路線混雑度

路線 "R"

起点側駅	終点側駅	実効混雑度
A	B	0.88889
B	C	0.88889

図 3-6　シミュレーション結果ファイル out-EV.ods の「RG 路線混雑」シートの内容.

"RG" 列車混雑度

編成 "L1", 定員(座席): 450(150)

起点側駅	発着の別	終点側駅	発着の別	混雑度
A	発	B	着	0.88889
B	着	B	発	0.59259
B	発	C	着	0.88889

図 3-7　シミュレーション結果ファイル out-EV.ods の「RG 列車混雑」シートの内容.

ある駅の発車から次の駅の到着まで，もしくはある駅の到着から発車までの間の，車内混雑度が計算されたものが記録されます．

ちなみに，到着から発車までの（つまり停車時間における）混雑度というのは意味のある数値とはいえません．「すうじっく」の現在のモデルにおいては，列車もしくは編成がある駅に到着した瞬間に，当該駅で降車する乗客は瞬時に車内から外に出て，またそれが発車する瞬間に，当該駅から乗車する乗客が瞬時に全員乗り込む形になっており，停車時間においては当該列車を乗り通す乗客のみが車内に留まることになっているからです．

最後に「RG 混雑上位」シートには，混雑のひどい順に列車の走行区間と混雑度の計算値が記載されています．今回の場合，最混雑 10 区間を表示，と設定しているはずです（2–3–11 項，作業 5）ので，見出しも「トップ 10」などと書いてあります．しかし，列車が 1 周期当たり 1 種別 1 本しかなく，走行区間が A → B → C 駅と 3 駅間しかないので，先ほどご説明したとおりあまり意味がない停車時間中の車内混雑度のデータ（順位 3 位）を含めても，3 つしかデータが存在しない状態です（図 3–8）．

"RG" 最混雑駅間走行

最混雑列車ブランチ・トップ 10

順位	列車	編成	起点側駅	発着の別	終点側駅	発着の別	混雑度
1	各停1	L1	B	発	C	着	0.88889
2	各停1	L1	A	発	B	着	0.88889
3	各停1	L1	B	着	B	発	0.59259

図 3–8　シミュレーション結果ファイル out–EV.ods の「RG 混雑上位」シートの内容．

3–1–5　これ以外のシート

このファイルにあるこのほかのシートは，主としてデバッグを目的に多数の情報を掲載しています．

特に，「RG ルート」とあるシートには，全種類の乗客について，発駅から着駅までの乗車パス（どの駅からどの列車に乗り，どの駅で降りて乗り換えて…というのを着駅まで全部つなげていったもの）が記録されています．詳細はサポートサイトに掲げる文書に譲りたいと思います．プログラムが内部的に用いているグラフのノードの名称などがそのまま記載されているためわかりにくいですが，プログラムが正しく動いていること，データが意図どおり記述されていることを，こうしたデータを用いて確認することができるようになっています．

3-2　シミュレーションを検証する

ここまでの説明で，シミュレーションのためのデータ作りから結果の読み方までがひととおりわかったことになります．しかし，あなたがもしこのプログラムの作者だったとしたら，自分が苦労して作ったこのプログラムが正しく動いているかどうか，確認したくなることでしょう（Ruby 言語で書かれた「すうじっく」のフロントエンドも 1 万行超え，C++ 言語で書かれた本体に至っては 2 万行以上に及ぶプログラムです！）．どうしたらよいでしょうか？

巨大なシステムのためのシミュレーションプログラムを作ってゆく過程では，当然ですが全体モデルを構成するサブモデルを細かいものから一つひとつ作成し，間違いがないことを確かめながら進めていきます．あらゆる種類の間違いが起こり得ます……例えば上り列車だというのに下り方向に走っていくといった明らかなものから，もう少しわかりにくいもの（例えば，乗客を二つのグループに分けたいとき，その配分を 6：4 にすべきところなぜか 5：5 になってしまった，など）までいろいろです．後者のようなものは数字をきちんと比較してみないと間違いに気づかないので，発見が難しくなります．

では，こうしたサブモデルを組み合わせて全体ができたとなったときにはどうするでしょうか？　標準的な方法の一つは，あらかじめどういうシミュレーション結果が得られるべきかがわかっているデータを入れ，結果をその「あるべき結果」と比較する方法です．例えば，実測値があり，それを再現したいシミュレーションの場合，シミュレーション結果が実測値と同じか，同じでないまでも近ければ，正しいプログラムができた，とするわけです．また，シミュレーションの対象の種類によっては，理屈上こういう結果が得られるべきだということが，単純なデータについてわかる場合もあり，その場合はそのとおりの結果が得られなければダメということになります．残念ながら，こうした方法による検証でさえ困難とされるようなシミュレーションも少なくない，というよりむしろそのほうが一般的とさえいえるくらいなのですが….

仮に，こうした方法がとれる場合でも，それだけで終わりにしてはいけません．シミュレーションは基本的に未知の状況を設定したとき何が起きるか知りたくて行うものです．また，シミュレーションは基本的に複雑な問題について行われます（手計算で結果を出せるようなものだったらそうすればよいのです！）から，仮に理屈上こうだという導出が（がんばれば）できる場合でも，それをやる気にならないということはよくあります．そこで，そうした「結果のわかる」データを若干変更してシミュレーションを行い，変化の幅や方向が「予測と異なる」なら「おや？ 何かがおかしいぞ」と考える，ということも行います．

ちなみに，筆者がつくったもう一つの電気鉄道用シミュレーションプログラムに，直流電気鉄道の列車に走行用電力を供給するためのシステム（饋(き)電システム）のシミュレーションプログラムであるRTSSというのがあります（高木 1995）が，このプログラムについてはここに記したような方法による検証を1993～94年に行っています（日本鉄道電気技術協会　1994）．

「すうじっく」についてはどうしたらよいでしょうか．このプログラムについては，すでに第2章まででご説明したように，実際の乗客の動きを精密に再現するという意図は必ずしもないというところに注意していただかなければなりません．このため，実測との比較という手は使えないのですが，幸いシミュレーションにおける乗客の行動仮説などが明確なため，簡単なモデルであれば結果を手作業で導き出すことが容易にできます．第2章で作成したデータはまさにそのような確認にうってつけの単純なデータなので，それを使って簡単な検証を試みましょう．

3-2-1　結果の吟味

まず，結果ファイル C:¥Sujic-book¥datafiles¥out-EV.ods のシートのうち「OD

F1」を見てください．ここにあるのはOD表ですが，数字は既にご説明したように表2-1の数値の15分の1になっています．これは，表2-1の数値が1時間当たりの人数であったのに対し，「OD F1」シートの数字は列車ダイヤの周期240秒当たりの人数に換算されたものだからでした．ここで重要なのは，列車は240秒当たり各駅停車の列車（列車名は「各停1」としましたね！）1本のみ（編成名「L1」）が走っていて，ここに書かれた数の人々はこの「各停1」列車を利用するほかないということです．

図3-9のような作業をしてみましょう．図の左に「出現モデル“F1C”用OD行列」とあるものは，図3-4と同じ「OD F1」シートのデータです．図3-9の右に「編成“L1”, 定員…」とあるものは，図3-7と同じ「RG列車混雑」シートのデータです．これにおいて，Ⓐおよびⓑとマークされた二つのセルの数字を足し合わせます．この数字（具体的には400人ちょうどとなるはずです）を，Ⓒとマークされている列車定員の数字（具体的には450人）で割ってみてください．そうすると，Ⓓとマークされたセルの数字と（丸め誤差はあるでしょうが，ほぼ）同じものが出てくるはずです！ ⒶおよびⒷのセルはそれぞれ240秒当たりの「A駅からB駅まで行く乗客数」および「A駅からC駅まで行く乗客数」を表していますから，これらの数字二つを足し合わせるとそれは「A駅からB駅までの区間を利用する乗客の240秒当たり総数」になる．そして，その乗客は全員「各停1」列車（編成「L1」）に乗るしかないのですから，この数字と「各停1」列車（編成「L1」）がA駅からB駅まで走行中の車内にいる人の数は同一であるはず．したがって，その数字を編成の定員（これがⒸの数字ですね）で割れば，混雑度であるⒹが出てくる，というわけです．どうですか？　みなさんの実行結

出現モデル "F1C" 用OD行列

240秒当たり	A	B Ⓐ	C Ⓑ
A	--	133.333	266.667
B	--	--	133.333
C	--	--	--

編成 "L1", 定員(座席): Ⓒ 450(150)

起点側駅	発着の別	終点側駅	発着の別	混雑度
A	発	B	着 Ⓓ	0.88889
B	着	B	発 Ⓔ	0.59259
B	発	C	着	0.88889

図3-9　第2章のデータでのシミュレーション結果における列車混雑度の検証方法．(Ⓐ+Ⓑ)÷Ⓒ=Ⓓ，Ⓑ÷Ⓒ=Ⓔとなっています．

果に誤りはなかったでしょうか？

ついでに，図 3-9 のⒺの数字を見てみます．これは，Ⓑを©で割った数字になっているはずです．これは，3-1-4 項で述べたとおり，列車が駅に到着すると，その駅で降りる乗客は列車到着のその瞬間に全員が駅からホームに移り，車内には「乗り通す乗客」だけが残る，という「すうじっく」の現在のモデルの（不自然な）性格によるものです．B 駅でこの列車を「乗り通す」のは，OD 表のうえでは A 駅から C 駅に行く乗客以外にないので，このような結果になることが予測できるし，実際にそうなってもいるのです．

このほかにも，出力データはいろいろな視点からの検証が可能だと思いますが，簡単なことをもう一つ．「RG 主要評価量」シート（図 3-6）にあるさまざまな乗客目線の評価値のうち，乗換えに関するものが 3 つあります（周期当たり総乗換え回数〔人・回〕，乗客当たり乗換え回数〔回〕，乗客当たり乗換え不効用〔円〕）．これらの数字はすべて 0 のはずです．なぜなら，列車は 240 秒 1 周期当たり「各停 1」1 種類しかなく，乗換えの必要性も余地もないからです！

このように，単純なデータを与え，プログラムのバグがないことを確認する，というのは，プログラム作成者にとっては間違いのないシミュレーションを行ううえでの王道です．

3-2-2　需要や列車周期を変更してみる

では，次のステップ，すなわち入力するデータの値などを小変更するという作業に入りましょう．

まず，OD 表で与える旅客需要を 2 倍に大きくしてみましょう．もちろん，第 2 章でご説明したデータファイルの入力手順において，OD 表入力のところ（2-3-10 項，【作業 16】）で入力する需要の数字をすべて 2 倍にすることでもできますが，同じ項の【作業 12】で周期を半分にしていただくことでも可能です．「すうじっく」フロントエンドツールは既存のファイルを読み込み，変更することもできますから，周期を半分にするほうがたぶん楽だと思います．こうしてシミュレーションを実行してみると，図 3-10 のように，列車混雑度はどの区間でも図 3-7 で示したもののちょうど倍になっているはずです．

需要を変化させず，列車ダイヤの周期を変更することも可能です．第 2 章の

"RG" 列車混雑度

編成 "L1", 定員(座席): 450(150)

起点側駅	発着の別	終点側駅	発着の別	混雑度
A	発	B	着	1.77778
B	着	B	発	1.18519
B	発	C	着	1.77778

図 3-10 第 2 章のデータに比べ OD 需要を倍にしたシミュレーション結果のうち「RG 列車混雑」シートを表示しているところ.

データでは列車ダイヤは 240 秒周期ということになっていますが，これは 2-3-7 項の「スケジュールセット」に関するデータのところで決めています（同項【手順 3】）．この数字を 240 秒から 480 秒にしても，列車の混雑度や立席損失に関しては同じ効果が得られます．需要を倍にして列車ダイヤはそのままにしても，需要はそのままにして列車ダイヤは間隔 2 倍（＝輸送力半分）にしても，列車に乗る人の数が倍になる点は変わらないモデルなのです．

なお，「運行間隔を倍にし，列車本数を半分に間引くと，乗客が減るのではないか」という反論を思いついた方もいらっしゃるかもしれません．しかし，「すうじっく」のモデルは，輸送需要（すなわち OD 表に記される数字）は与えられた値から変化しない，という前提で作られているものです．実際にはそのようなことは起きるかもしれませんが，このモデルを使う以上そうしたことの影響は考慮不要なのです．一方，需要が突如倍に増えるという状況は……例えば，沿線で何か大きなイベント（コンサートとか花火大会とか）があり，その日の特定の時間帯に限り一時的に需要が増える，というようなことを考えてみるとよいかもしれません．しかし，この場合でも「普段はこの路線を利用するけれど，今日は混んでいるから，普段より長距離を歩いて別な路線を利用しよう」と考える人の割合が増えるかもしれません．このように，鉄道サービスのレベルや，その結果現れる混雑は，需要の数値に影響を及ぼしているはずなのですが，「すうじっく」では考えていないのです．1-5 節でご説明したように，シミュレーションには前提があり，それを十分理解せずに結果のみを見て何かを語るのは，常に危険です．

また，需要を倍にするのと運行間隔を倍にするのとでは，列車混雑に関しては

			2章オリジナルのデータ	ODを2倍	ダイヤ周期を2倍
3	**全般的評価**				
4	**評価項目**	**単位**	**値**	**値**	**値**
5	周期当たり総旅行時間	人・秒	152000	304000	432000
6	乗客当たり旅行時間	秒	285	285	405
7	乗客当たり旅行時間不効用	円	166.25	166.25	236.25
8	周期当たり総立席時間	人・秒	52000	140000	140000
9	乗客当たり立席時間	秒	97.5	131.25	131.25
10	乗客当たり立席不効用	円	8.125	10.937	10.937
11	周期当たり総乗換回数	回	0	0	0
12	乗客当たり乗換回数	回	0	0	0
13	乗客当たり乗換不効用	円	0	0	0
14	周期当たり総歩行時間	人・秒	0	0	0
15	乗客当たり歩行時間	秒	0	0	0
16	乗客当たり歩行時間不効用	円	0	0	0
17	周期当たり総待ち時間	人・秒	64000	128000	256000
18	乗客当たり待ち時間	秒	120	120	240
19	乗客当たり待ち時間不効用	円	0	0	0
20	乗客当たり総不効用	円	174.375	177.187	247.187
21					
22	**トレインアワーおよびカーアワー**				
23	**評価項目**	**単位**	**値**	**値**	**値**
24	周期当たり総トレインアワー	秒	240	240	240
25	正規化トレインアワー	列車	1	1	0.5
26	周期当たり総編成アワー	秒	240	240	240
27	正規化編成アワー	編成	1	1	0.5
28	周期当たり総カーアワー	秒	720	720	720
29	正規化カーアワー	両	3	3	1.5

図 3-11　第２章のデータ，それに比べ OD 需要を倍にしたデータ，および同じく列車の運行間隔（ダイヤ周期）を倍にしたデータについて，シミュレーション結果のうち「RG 主要評価量」シートにある評価量をまとめたもの．

同一でも，乗客当たりの待ち時間については後者のほうが長くなるはずです．したがって，乗客当たりの旅行時間も（旅行時間には待ち時間を含みますので），当然後者の方が長くなります．結果的に，乗客目線の総合評価の数値は若干違うものになるはずです（図 3-11）．

図3-11では，トレインアワーやカーアワーなどの比較もできます．当たり前ですが，列車を間引いたケースでは，列車ダイヤ1周期が倍の480秒に増えたのに，周期当たりのトレインアワーやカーアワーなどが変化しないため，これらの数値が半分になっています．当たり前ですが，周期が長くなり，列車本数が少なくなったので，運営者側から見た経費を表すこれらの指標の数値が低下，すなわち「改善」されたことになります．しかし，このことをよいことだと申し上げるこ

とができないのも，当然です．何しろ，車内の混雑度がもともと1.0（100％）に近い値だったのに，列車をそこからさらに間引いた結果，混雑度は1.0を大幅に上回り，2.0（200％）に近づいているような状況なのですから．では，もし「間引き前」の混雑度が100％近辺ではなく，例えば15％弱といった状況だったとしたら，どうでしょうか？ 列車間引きを行っても混雑度は30％弱に収まりますから，悪い話ではないのかもしれません．問題は，4分だった列車の間隔が8分になることです．先ほど申し上げましたようにこのような変更は待ち時間増加を招きますが，待ち時間増加を好まないのであれば，4分間隔は変更せずに，1列車当たりの定員を削減する可能性もあります．具体的には，第2章のデータでは編成長が3両とあるので，これを2両にすれば，トレインアワーは減りませんがカーアワーは3分の2になり，混雑度は1.5倍になります．実際，輸送需要が減った路線でこのような編成減車を行った事例はいくつかあります．こうした方法のどれがよいかは「すうじっく」のレベルでは十分な議論はできず，鉄道企業の経営や沿線地域の開発などの別な観点を取り入れた考察が必要と考えられます．

ついでに，先ほど混雑率15％弱という数字を例示した点にもご注目いただきたいと思います．これが40％であれば，列車間引きなどでこれが倍になると80％となります．しかし，第2章のデータをよく見ていただくと，列車の定員は3両で450人とありますが，座席の数は3両でわずか150人ぶんしかありません[†1]．したがって，40％のときでさえすでに一部乗客は座席の確保ができなくなっており，そこにさらに間引きを考えるなど，少なくとも乗客の立場からは言語道断となるわけです．

3-2-3 各駅停車列車を複数入れてみる

では，今度は列車が複数存在するようなデータに挑戦してみましょう．列車が

†1 これは，わが国の首都圏における典型的な車両データに合わせた数字です．また，かつて存在した「普通鉄道構造規則」では，定員の3分の1以上を座席とすべきと定められていました．現在は国土交通省が作成している「鉄道に関する技術上の基準を定める省令の解釈基準」という文書に「旅客車には，車両の用途，使用線区等を勘案して適当な数の旅客用座席を設けること」とあるだけのようですが，その「適当」さの判断のよりどころとして事実上現在も普通鉄道構造規則のこの考え方が「生きて」いると考えられます．

複数，というのにもいろいろありますが，まずは第２章と同じようにA駅からC駅まで行く各駅停車の列車のみがある場合を考えてみましょう．そして，第２章では240秒周期で１周期当たり１本の列車が存在していたところ，ここでは480秒周期と周期が倍で，かつ列車が１周期当たり２本ずつ，等しい時間的間隔（等時隔と呼びます）で走っている，というデータを作ってみます．２章での作業手順とほぼ同じ作業で，ファイルを一から作る前提でご説明しましょう．

まず，列車ダイヤの周期（2–3–7項【作業3】で入力する数字）について，240秒から，倍の480秒に変更して入力します．

そして，列車は２本入力します[†2]．１本目は2–3–8項の【作業3〜27】のとおりに行います．２本目は，１本目の【作業27】に続けて，再び【作業3〜27】を繰り返します．このとき，【作業4】では列車名として「各停2」を入力しましょう．また，【作業20・24〜26】で入力する列車時刻は，2–3–8項にある数字（0秒・90秒・150秒・240秒）に240秒をそれぞれ加えたものとします（それぞれ240秒，330秒，390秒，480秒となります）．

編成も２本入力します．１本目は2–3–9項の【作業2〜24】のとおりに行います．２本目は，１本目の【作業24】に続けて，再び【作業2〜24】を繰り返します．このとき，【作業3】では編成名として「L2」を入力しましょう．また，【作業9】では「各停1」ではなく「各停2」を選ぶようにしてください．

このほかはまったく同一の手順で作ることができます．

しかし，このようにして作ってはみたものの，この例は実は全く面白みがありません．列車種別が各駅停車だけで，なおかつ等時隔（列車と列車の間隔が均一という意味です）なのであれば，240秒周期ダイヤで１周期当たり１本，というのと，480秒周期ダイヤで１周期当たり２本，というのに何か差があるでしょうか？ ないはずですね．

評価結果はどうなるでしょうか？　結果ファイルの「OD F1」シート（図3–

†2　ここでは２本の列車とも同じ方法で入力するよう記述しましたが，同じ走行時分で発車時刻だけ違う場合，１本目の列車を「コピー」したうえで発車時刻だけ入力するような操作も可能です．この方法の詳細については，サポートサイトからダウンロードできるプログラムの付属文書をご覧ください．

行動モデル "F1" 用OD行列

出現モデル "F1C" 用OD行列

480 秒当たり	A	B	C
A	--	266.667	533.333
B	--	--	266.667
C	--	--	--

図 3-12　各駅停車列車を 2 本等時隔で入れた場合のシミュレーション結果のうち「OD F1」シートを表示しているところ．シートの A4 セルに「480 秒当たり」と記されてます．

12）に書かれた各駅間の需要の数字は，第 2 章で作成したデータによる評価結果ファイルのそれのちょうど倍になっています．これはしかし，データファイルにおいて設定した OD 表データ（この数字は 1 時間当たりの需要を入力したはずです）は変更しておらず，「OD F1」シートには 1 周期当たりの需要が出力されるため，単に周期が倍になったので数字が倍になっているだけです．また，「RG 主要評価量」シート（図 3-13）の乗客目線評価群については，「総旅行時間」をはじめとする周期当たりの時間などの合計値は周期が倍になったため倍の値が出力される一方，旅客当たりの数値については同じ値が出力されているでしょう．列車の混雑率については「RG列車混雑」シート（図3-14）を見るとわかりますが（今回は複数列車があるのでこのシートにも複数の列車の混雑度が記載されるようになっています），どの列車も区間ごとに同じ数字が並んでいるはずです．ちなみに，列車が 2 本になりましたので，「RG 混雑上位」シート（図 3-15）にはこれまでの倍の上位 6 区間が表示されるようになっていると思いますが，これまた同じ数字が繰り返されただけで，面白みがありません．

そこで，次はこの「等時隔」という前提を外してみましょう．例えば，480 秒周期で周期当たり 2 本，というのは変更しないものの，最初の列車が A 駅を出発する時刻が 0 秒で，次の列車は 180 秒としたら，どうでしょうか？　具体的には，先ほどご説明した列車 2 本の時刻を入力するところで，2 本目について入力する列車時刻を，2-3-8 項にある数字（0 秒，90 秒，150 秒，240 秒）に先ほどの 240 秒ではなく，180 秒をそれぞれ加えたものとする，ということです（それぞれ 180 秒，270 秒，330 秒，420 秒となります）．こうすると，1 本目の列車と 2 本目の列

スケジュールセット "RG" 結果出力

全般的評価

評価項目	単位	値
周期当たり総旅行時間	人・秒	304000
乗客当たり旅行時間	秒	285
乗客当たり旅行時間不効用	円	166.25
周期当たり総立席時間	人・秒	104000
乗客当たり立席時間	秒	97.5
乗客当たり立席不効用	円	8.125
周期当たり総乗換回数	回	0
乗客当たり乗換回数	回	0
乗客当たり乗換不効用	円	0
周期当たり総歩行時間	人・秒	0
乗客当たり歩行時間	秒	0
乗客当たり歩行時間不効用	円	0
周期当たり総待ち時間	人・秒	128000
乗客当たり待ち時間	秒	120
乗客当たり待ち時間不効用	円	0
乗客当たり総不効用	円	174.375

トレインアワーおよびカーアワー

評価項目	単位	値
周期当たり総トレインアワー	秒	480
正規化トレインアワー	列車	1
周期当たり総編成アワー	秒	480
正規化編成アワー	編成	1
周期当たり総カーアワー	秒	1440
正規化カーアワー	両	3

図 3-13　各駅停車列車を２本等時隔で入れた場合のシミュレーション結果のうち「RG 主要評価量」シートを表示しているところ．「乗客当たり総不効用」や「正規化トレインアワー」などの数値は図 3-5 と完全に一致していて，つまらない．

車の間に 180 秒＝3 分の間隔が，２本目の列車と次の周期の１本目の列車の間には 300 秒＝5 分の間隔が，それぞれあり，間隔が不均一ということになります．

結果は容易に予測できます．１本目の列車が，２本目の列車より混雑する，というものです．そして，実際に評価を行ってみて，得られた結果ファイルで「RG 列車混雑」シート（図 3-16）で列車ごとの混雑度を見比べれば，そのとおりになっ

"RG" 列車混雑度

編成 "L1", 定員(座席): 450(150)

起点側駅	発着の別	終点側駅	発着の別	混雑度
A	発	B	着	0.888889
B	着	B	発	0.592593
B	発	C	着	0.888889

編成 "L2", 定員(座席): 450(150)

起点側駅	発着の別	終点側駅	発着の別	混雑度
A	発	B	着	0.888889
B	着	B	発	0.592593
B	発	C	着	0.888889

図 3-14 各駅停車列車を 2 本等時隔で入れた場合のシミュレーション結果のうち「RG 列車混雑」シートを表示しているところ.「各停 1」と「各停 2」に差はありません.

"RG" 最混雑駅間走行

最混雑列車ブランチ・トップ 10

順位	列車	編成	起点側駅	発着の別	終点側駅	発着の別	混雑度
1	各停2	L2	B	発	C	着	0.888889
2	各停2	L2	A	発	B	着	0.888889
3	各停1	L1	B	発	C	着	0.888889
4	各停1	L1	A	発	B	着	0.888889
5	各停2	L2	B	着	B	発	0.592593
6	各停1	L1	B	着	B	発	0.592593

図 3-15 各駅停車列車を 2 本等時隔で入れた場合のシミュレーション結果のうち「RG 混雑上位」シートを表示しているところ. 列車が 2 本に増えたので, 6 位まで表示されています.

ているはずです.

乗客が列車に乗り込む可能性がある A 駅・B 駅のいずれにおいても, 列車がすべて各駅停車列車で相互の追い越しや待避などがないため, 乗客は自分自身が駅に到着した後最初に現れた列車に乗り込むように行動します. 先ほどは「同一周期内の 1 本目と 2 本目の列車間」および「ある周期の 2 本目とその次の周期の 1 本目の列車間」のいずれも 4 分と等しい時隔でしたが, 今回は前者が 3 分, 後者が 5 分となっています. 2-3-10 項で説明したとおり, このデータにおいて乗客はすべて行動仮説 F1 に従うことになっていますから, 乗客は列車時刻のことを全

"RG" 列車混雑度

編成 "L1", 定員(座席): 450(150)

起点側駅	発着の別	終点側駅	発着の別	混雑度
A	発	B	着	1.11111
B	着	B	発	0.740741
B	発	C	着	1.11111

編成 "L2", 定員(座席): 450(150)

起点側駅	発着の別	終点側駅	発着の別	混雑度
A	発	B	着	0.666667
B	着	B	発	0.444444
B	発	C	着	0.666667

図 3-16　各駅停車列車を２本，３分・５分の不均等時隔で入れた場合のシミュレーション結果のうち「RG 列車混雑」シートを表示しているところ．「各停 1」と「各停 2」の車内混雑の比率が５：３となっています．

く知らずに駅にランダムに出現し，出現時点で目的駅に最も早く到着可能な列車を選択して乗車することになっています．そしてその出現確率は時刻によらず一定とされています．そうなると，この３分・5 分間隔の不等時隔ダイヤでは，1 本目の列車に乗る人の数と 2 本目の列車に乗る人の数との比率は，それぞれの列車とその直前に発車する列車との時隔に比例することになりますから，5:3 となるのです．列車ごとの定員はいずれも変更していないので，「RG 列車混雑」シートにおいて混雑度の数字が区間ごとに正確に5:3 となるはずです．実際に出力された数字から，このことを確認してみてください．

このように，予想と結果がぴたり一致すると，多少嬉しくなってきませんか？シミュレーションモデルの作者としては，こういう場合は嬉しいというより「ほっとする」のですが，歓迎すべき結果であることは確かです．

なお，「直前の列車との時隔に比例」というところが次項において重要になりますので，覚えておいてください．

3-2-4　旅客行動モデルを変更してみる

ところで，このように予想と結果が合うという考察のなかで，乗客の行動仮説を確認しました．「すうじっく」は，乗客の行動仮説として F1 および F2 の２種類を仮定していますが，いまのところのデータには仮説 F1 に従う乗客しか設定しませんでした．では，F2 のほうはどうでしょうか？

復習しますと，仮説 F2 とは，乗客があらかじめ列車時刻を調べ，自分自身が設定した目的駅到着希望時刻に対して，それに間に合う条件のもとで最も出発駅を遅く出る列車を選び，乗車しようとする，というものです．乗客はあらかじめ時刻を調べますから，出発駅に出現する時刻は当該列車の出発直前と仮定します(駅構内の歩行時間が長い場合も，それを見越してその列車に間に合うように現れる)．一方，乗客が設定するその目的駅到着希望時刻というのは，ランダムに与えられていると仮定します．

3-2-3 項までは，仮説 F2 に従う乗客は一人もいないと仮定してきました．どこでそのように設定したかというと，第 2 章にてご説明したデータ入力手順のうち，2-3-10 項で，F1 に関するモデルのことしか入力しなかったために，そういうことになっているわけです．そこで，今度は逆に仮説 F1 に従う乗客が一人もいない状況をデータ上に作ってみましょう．

具体的には，2-3-10 項でご説明した手順を以下のように変更します．まず，同項の【作業 3】で旅客行動モデルに名前をつけていますが，混乱を避けるためにこれを「F1」ではなく「F2」にしましょう．次いで，【作業 4】でモデルの種類として「F1」ではなく「F2」を選びます．さらに，【作業 7】で旅客出現モデルに名前をつけていますが，ここも混乱を避けるため「F1C」ではなく「F2C」にしましょう．次いで【作業 9】では旅客行動モデル「x_passenger_activity_f2::F2」を選択します（【作業 3・4】を上記のとおり変更しますと，これだけが選択可能となっているものと思います）．最後に，【作業 10】で「F1 均一流入モデル」ではなく「F2 均一流出モデル」を選ぶようにします（「F1 均一流入モデル」は選択できなくなっていると思います）．これ以外の作業は，2-3-10 項と同じ形で行ってください．このようにして，3-2-3 項と同じく 480 秒周期，周期当たり 2 本で不等時隔の列車ダイヤであって，乗客が行動仮説 F2 のみに従うデータが作成できます．

結果はどうなるでしょうか？　これを，3-2-3 項で行った，同一ダイヤで乗客の行動仮説が F1 のみの場合と比較すると，驚くべき結果が出てきます．列車の混雑度を比較すると，先ほどと比率が完全に逆転しているのです（図 3-17）！

"RG" 列車混雑度

編成 "L1", 定員(座席): 450(150)

起点側駅	発着の別	終点側駅	発着の別	混雑度
A	発	B	着	0.666667
B	着	B	発	0.444444
B	発	C	着	0.666667

編成 "L2", 定員(座席): 450(150)

起点側駅	発着の別	終点側駅	発着の別	混雑度
A	発	B	着	1.11111
B	着	B	発	0.740741
B	発	C	着	1.11111

図 3-17　各駅停車列車を２本，３分・５分の不均等時隔で入れ，乗客行動モデルをF2に変更した場合のシミュレーション結果のうち「RG列車混雑」シートを表示しているところ．図 3-16 では「各停 1」と「各停 2」の車内混雑の比率が５：３となっていましたが，ここでは逆の３：５となっています．

どういうことでしょうか？

F2では，「目的駅到着希望時刻」がランダムに与えられています．そして，この列車ダイヤの場合，各駅停車列車しかなく追い越し・待避などがないという性質から，目的駅になり得る駅（つまりB駅とC駅）に，到着希望時刻より前に到着する列車のうち最も遅いものに乗客は乗ろうとすることになりますね．ということは，1本目の列車に乗る人は，その到着希望時刻が「1本目と2本目」の列車の目的駅到着時刻の間に入っている人ですし，2本目の列車に乗る人はそれが「ある周期の2本目とその次の周期の1本目」の列車の到着時刻の間に入っている人です．このように，ある列車の乗車人数は，当該列車とその「直後の列車との時隔に比例」することとなります．

これを3-2-3項の記述と比較すると，仮説F1のみの場合は「直前の列車との時隔」に比例となっていました．F1とF2は，このように関係が逆転することになるのです．

しかし，これは実態を表しているといえるのでしょうか？　実際には，このように事前調査を行う乗客も，多少出発駅には「余裕をみて」予定時刻より早めに到着するのが常ではないでしょうか．そのようにして到着後，事前調査の結果より早く目的駅に行ける列車があることがわかった場合，その乗客は事前調査結果を無視してその列車に乗ると考えられます．こうした効果があるため，実際の乗客の振る舞いはどちらかというとF1モデルによるそれに近いものになる，ということはできそうです．F2モデルは，事前調査とその結果に基づく乗客行動を，やや理想化してとらえすぎている，といえるのかもしれません．実際，列車ダイヤが乱れているような状況では，事前調査も成り立ちませんし，F1モデルでおおむね乗客行動の説明がつくことが知られています．

ちなみに，今回は平行ダイヤ（すべての列車の所要時間が同一）であったため，F1とF2で比率が完全に逆転する結果になりましたが，一般的には急行列車など，多様な列車が混在して運転されていることなどから，列車の所要時間には多様性があり，比率の完全な逆転というのは必ずしも起きません．このモデルは，そのようなある程度の複雑性を有する列車ダイヤの評価において，事前調査の影響を加味した評価をするのに適したモデルだと考えています．この例が示すように，モデルの適用可能性については吟味が常に必要なのです．

なお，われわれがこれまでに行ってきた多くの検討では，全乗客のうちF1とF2の比率が不明だったため，1：1という仮定をおいてきました．この列車ダイヤに対してそのような仮定をすると，F1の効果とF2の効果が逆向きのため，あろうことか列車の時間的間隔を不均一としても車内混雑は均一，という結果が出てしまいます．しかし，その場合でも不均一なダイヤでは乗客の待ち時間の期待値が増大しますから，間隔均等がよい，という常識的な答えはきちんと導き出すことはできるのです．

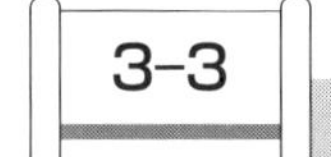

急行列車を含むシミュレーション

ここまでは，列車はすべて各駅停車のものばかり，というケースを扱ってきました．しかし，これでは確かに面白くないですね．これまでの評価結果のどれをみても，乗客が「乗換え」を行っている形跡がありません．したがって「乗換え」にからむ評価値はどれも0になっています．

趣味的に「面白い」列車ダイヤというと，多数の駅があって列車種別も多様な京浜急行電鉄のようなものが思い浮かびます．しかし，これは文字どおり世界に冠たるできばえの，非常に複雑な列車ダイヤと評価できるものであって，いきなりそういう複雑なものを取り上げるとかえってわかりにくくなりますので，まずは図3–18のような単純なものを入力してみましょう．この列車ダイヤは，周期が480秒（＝8分）で，その8分当たり急行列車1本，各駅停車列車1本の2本が走っているものです．駅はA〜Eの5駅ありますが，急行列車はA・C・E駅のみ停車．各駅停車列車は，中間のC駅で急行列車を先に通します．このような，急行列車と緩行列車（各駅停車列車は急行列車より遅くなるので一般的にこのように呼ばれます）を組み合わせ，急行停車駅で相互の接続を図る形を基本形とする列車ダイヤの類型[†3]は，民鉄中心に国内の多くの路線で用いられているもので，われわれはこれを「緩急結合ダイヤ」と呼んでいます．一般的に，このような路線では急行停車駅は乗降客数が多く，それ以外の駅は少ないので，需要もそういうふうに与えてやる必要があります．

そこで，図3–18のような列車ダイヤ，および配線，そして表3–1のようなOD表を入力し，データを作成してみましょう．

具体的なやり方は第2章のデータに準じて行います．2–3–5項で説明した駅データの入力において，5駅ぶんを入力していただきます．入力の順番はA・B・C・D・Eの順にお願いします．今回入力するA駅およびE駅は，それぞれ2–3–5項におけるA駅およびC駅と同様に作業すればいいでしょう．今回のB駅およびD駅は，いずれも2–3–5項におけるB駅と同様です．最後に，今回のC駅は，2–3–5項におけるB駅の入力と似ていますが，1点だけ，同項の【作業14】で「発着線」ひな形のうち「島式1面2線」ではなく「2面4線」というのを選ぶ点が異なります．2面4線というのは比較的大きな駅の配線としてよくみられる形式で，上り・下りそれぞれ2線の着発線があり，同時に4本までの列車がその駅に停車することができ，その際に列車順序の入換えが可能になるものです．

2–3–6項の路線データにおいては，3駅ではなく5駅を入力してください．

2–3–8項の列車データの入力においては，急行列車と各駅停車列車の2本の列車を入力してください（列車名は「各停1」「急行1」としましょう）．いずれの列車とも，A駅からE駅まで走るように設定します（具体的には，【作業14】で終

†3　われわれは，このような列車ダイヤの類型を「ダイヤパターン」と呼んでいます．

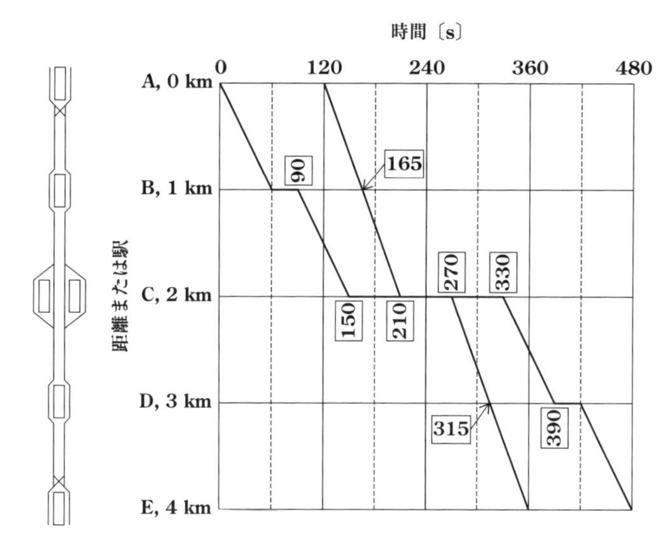

図 3-18　急行列車を含む仮想路線の列車ダイヤ.

表 3-1　緩急結合ダイヤのシミュレーション条件：OD 表（単位：人／h）

発駅＼着駅	B	C	D	E
A	500	1 500	500	2 500
B	—	500	100	500
C	—	—	500	1 500
D	—	—	—	500

着駅を「E」とする）．時刻の入力方法は，駅数が増えたのに合わせて入力の繰返し回数が増える以外は同様です．ただし，急行列車については，B 駅・D 駅についての【作業 23】においては「通過」ラジオボタンを選択し，通過時刻を入力してください．そうしますと，その後の【作業 25】にある「発車時刻」の入力は必要なくなるので，直ちに次の駅（B 駅入力後なら C 駅，D 駅入力後なら E 駅）の到着もしくは通過時刻の入力に移るはずです．そして，急行列車の C 駅についての【作業 17】において入力する物理ホームは，「1」ではなく「2」としてください．これは，先ほど説明したとおり C 駅の配線が他駅と異なり，急行列車と各駅

停車列車で入るホームが違っていなければならないためです．

2-3-9 項の編成データの入力も列車と同様に行えます（編成名は急行列車が「E1」，各駅停車列車が「L1」としましょう）．ただし，急行列車については，列車が通過する駅についてはデータ作成上無関係ということで選択肢に現れないことに注意してください．急行列車のＣ駅論理ホームの設定は，当該駅の物理ホームが「1」ではなく「2」であることに対応させるため，「2」を使用してください．

旅客行動モデルについては F1 のみを使用することとしましょう．

このようにしてデータができましたら，評価を回して結果ファイルを見てください．

図 3-19 の「RG 主要評価量」シートにあるとおり，今回はめでたく「乗換え」が行われていることがわかると思います．例えば，Ｂ駅からＥ駅に向かおうとする乗客は，Ｃ駅で必ず急行列車に乗り換えます．そのまま各駅停車列車に乗り続けていてもＥ駅には到着しますが，乗り換えたほうが２分も早く目的駅に着くのですから，「すうじっく」の乗客行動モデルでは乗換えを選択することになるはずです．一方，Ａ駅からＤ駅に向かう乗客はどうかというと，各駅停車の発車する「時刻ゼロ」以降，急行列車の発車する時刻 120 秒までの間にＡ駅に出現した乗客は，急行列車に乗車してＣ駅まで行き，各駅停車列車に乗り換えてＤ駅に至るでしょう．しかし，残りの乗客は各駅停車に最初から乗車し，乗り換えずにＤ駅に至ることになります．駅配置や列車ダイヤに対称性があるので，このような違いが生じるのは興味深いところですが，ともあれ乗換えが生じるケースが存在することがこの考察からすぐにわかります．

また，列車の混雑を見てみると，急行列車に乗客が集中し，混雑の不均衡が生じていることが読み取れると思います．表 3-1 に示した OD 表は，急行停車駅相互間の利用者がそれ以外の駅が絡む利用者に比べてかなり多い設定になっています．Ａ駅からＣ駅まで，もしくはＣ駅からＥ駅までの利用の場合，追い抜かれる心配はないので急行でも各駅停車でも早く来たほうに乗ればよいので，Ａ駅からＣ駅までの利用の場合は急行よりは各駅停車の利用のほうが多く，Ｃ駅からＥ駅までの利用の場合は逆に急行に乗る人の方が多くなります．そして，Ａ駅からＥ駅までの利用においては，追い抜きがある結果としてすべての利用者が急行列車のみを利用する形になります．このように需要が急行列車に偏る結果，急行列車

	スケジュールセット "RG" 結果出力		
1	**スケジュールセット "RG" 結果出力**		
2			
3	**全般的評価**		
4	**評価項目**	**単位**	**値**
5	周期当たり総旅行時間	人・秒	440200
6	乗客当たり旅行時間	秒	407.593
7	乗客当たり旅行時間不効用	円	237.762
8	周期当たり総立席時間	人・秒	96300
9	乗客当たり立席時間	秒	89.167
10	乗客当たり立席不効用	円	7.431
11	周期当たり総乗換回数	回	216.667
12	乗客当たり乗換回数	回	0.201
13	乗客当たり乗換不効用	円	60.185
14	周期当たり総歩行時間	人・秒	0
15	乗客当たり歩行時間	秒	0
16	乗客当たり歩行時間不効用	円	0
17	周期当たり総待ち時間	人・秒	261200
18	乗客当たり待ち時間	秒	241.852
19	乗客当たり待ち時間不効用	円	0
20	乗客当たり総不効用	円	305.378
21			
22	**トレインアワーおよびカーアワー**		
23	**評価項目**	**単位**	**値**
24	周期当たり総トレインアワー	秒	720
25	正規化トレインアワー	列車	1.5
26	周期当たり総編成アワー	秒	720
27	正規化編成アワー	編成	1.5
28	周期当たり総カーアワー	秒	2160
29	正規化カーアワー	両	4.5

図3-19　各駅停車列車と急行列車を入れた場合のシミュレーション結果のうち「RG主要評価量」シートを表示しているところ．乗換不効用関連の数値が0でない値になっています．

には立席が生じ，立席損失が評価に計上されていることも読み取れます．

ところで，この列車ダイヤは「よいダイヤ」なのでしょうか？　試しに，240秒周期で，各駅停車1列車が設定されているだけのダイヤ（図3-21）も評価してみてください．周期半分で列車本数も半分ですから，列車の時間当たり本数は先ほどと変わっていませんが，全列車が各駅停車になっています．こうすると，急

"RG" 列車混雑度

編成 "E1", 定員(座席): 450(150)

起点側駅	発着の別	終点側駅	発着の別	混雑度
A	発	C	着	0.888889
C	着	C	発	0.740741
C	発	E	着	1.18519

編成 "L1", 定員(座席): 450(150)

起点側駅	発着の別	終点側駅	発着の別	混雑度
A	発	B	着	0.592593
B	着	B	発	0.444444
B	発	C	着	1.06667
C	着	C	発	0.140741
C	発	D	着	0.325926
D	着	D	発	0
D	発	E	着	0.148148

図 3-20　各駅停車列車と急行列車を入れた場合のシミュレーション結果のうち「RG 列車混雑」シートを表示しているところ.

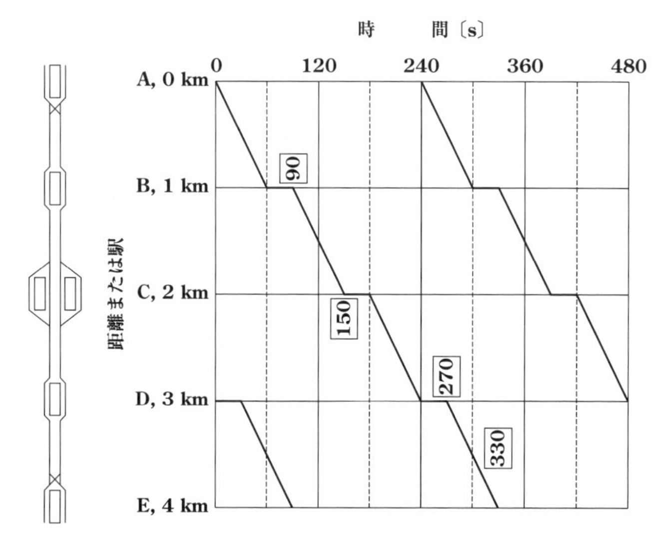

図 3-21　図 3-18 を全列車各駅停車に変更した列車ダイヤ．周期は 240 秒（図 3-18 と合わせるため 2 周期ぶん表示してあります）.

行列車がなくなって A～E 駅間の所要時間が長くなりますが，利用可能な列車が 8 分に 1 本だったものが 4 分に 1 本に増えるため，待ち時間の期待値が減り，さらに乗換えの損失もなくなるため，元の列車ダイヤよりよい評価が得られると思います．結果は図3-22 に示すとおりで，乗客当たり総不効用も減少しますし，急

スケジュールセット "RG" 結果出力

全般的評価

評価項目	単位	値
周期当たり総旅行時間	人・秒	175800
乗客当たり旅行時間	秒	325.556
乗客当たり旅行時間不効用	円	189.907
周期当たり総立席時間	人・秒	61500
乗客当たり立席時間	秒	113.889
乗客当たり立席不効用	円	9.491
周期当たり総乗換回数	回	0
乗客当たり乗換回数	回	0
乗客当たり乗換不効用	円	0
周期当たり総歩行時間	人・秒	0
乗客当たり歩行時間	秒	0
乗客当たり歩行時間不効用	円	0
周期当たり総待ち時間	人・秒	64800
乗客当たり待ち時間	秒	120
乗客当たり待ち時間不効用	円	0
乗客当たり総不効用	円	199.398

トレインアワーおよびカーアワー

評価項目	単位	値
周期当たり総トレインアワー	秒	330
正規化トレインアワー	列車	1.375
周期当たり総編成アワー	秒	330
正規化編成アワー	編成	1.375
周期当たり総カーアワー	秒	990
正規化カーアワー	両	4.125

図 3-22　図 3-21 のシミュレーション結果のうち「RG 主要評価量」シートを表示しているところ．図 3-19 と比べて明らかによい評価結果が得られています．

行運転をやめて列車が遅くなったにもかかわらずトレインアワー・カーアワーなどの数値も下がっているのです！

このように，急行運転は適切なダイヤを作成して行わないと，かえってよくない結果を招くことが少なからずあります．われわれの研究において実路線を「すうじっく」で評価してみて，実際に使われているダイヤの評価が「極めて悪かった」ことさえ，まれではありません．中途半端な急行列車の設定で乗客から見た利便性に問題が生じているケースも相当あるのでは，と疑われるのです．

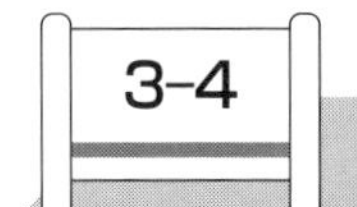

実路線シミュレーションにおけるデータのつくりかた

そうなると，実際の路線についてシミュレーションデータをつくり，評価をやってみたくなってきます．

今回ご紹介している「すうじっく」やそのフロントエンドツールは，さまざまな使い方ができるように設計したつもりですが，ここまでの例のような単純な路線，単純な列車ダイヤではなく実際の路線についての評価を行いたいとなると，データの規模も相当大きくなります．必要なデータは頑張って入力するほかありませんが，何が必要なのかきちんと見極めることも重要です．

特に注意していただきたいのは，列車ダイヤについて「周期的なもの」を前提にプログラムが組まれていることです．周期的でない列車ダイヤを入力することはできないのです！　そして，一般論として，実際の路線の列車ダイヤは厳密に周期的にはなっていないことが多いのです．例えば，図3-23は執筆時点で現行の京王電鉄井の頭線渋谷駅の時刻表（平日）の一部ですが，10時30分ころより後の昼間の時間帯は「8分周期」の列車ダイヤになっていて，その8分1周期当たり急行1本・各駅停車1本が設定されています．このため奇数時（11時・13時・15時）の発車時刻は急行発車0分，8分，16分，…，56分（その1分後に普通発）となるし，偶数時（12時・14時・16時）の発車時刻は急行発車4分，12分，…，52分となる…はずなのですが，なぜか13時0分であるはずの急行電車の発車が12時59分と1分早まっているようです．こうなっている理由の詳細はわからないものの，早朝のラッシュ時間帯から深夜まで列車ダイヤを「つなげて」行くうえでのなにがしかの都合がそうさせたものと考えられます．このような場合，どうしたらよいでしょうか？

一つの考え方は，1日ぶん全部を入力してしまう，というものです．鉄道会社

時刻表

■井の頭線 渋谷 ◇吉祥寺方面 平日のダイヤ	2019年2月22日現在
5	00 13 23 33 43 53
6	06 15 21 26 31 35 39 42 48 ▲51 58 ▲59
7	05 ▲07 14 15 19 21 25 27 31 35 富38 41 富44 46 富49 51 富53 56 富58
8	00 富02 04 富07 09 富11 13 富15 18 富20 22 25 27 29 31 33 富35 37 40 富42 44 46 48 51 53 55 富57
9	▲00 03 05 ▲07 10 富12 ▲14 18 富19 ▲23 26 富29 ▲31 34 富36 ▲39 42 富45 ▲48 51 富52 ▲56 59
10	富01 ▲04 08 富09 ▲13 17 富19 ▲22 28 ▲29 36 ▲37 44 ▲45 52 ▲53
11	00 ▲01 08 ▲09 16 ▲17 24 ▲25 32 ▲33 40 ▲41 48 ▲49 56 ▲57
12	04 ▲05 12 ▲13 20 ▲21 28 ▲29 36 ▲37 44 ▲45 52 ▲53 59
13	▲01 08 ▲09 16 ▲17 24 ▲25 32 ▲33 40 ▲41 48 ▲49 56 ▲57
14	03 ▲05 12 ▲13 20 ▲21 28 ▲29 36 ▲37 44 ▲45 52 ▲53
15	00 ▲01 07 ▲09 16 ▲17 24 ▲25 32 ▲33 40 ▲41 48 ▲49 56 ▲57
16	04 ▲05 11 ▲14 20 ▲21 28 ▲29 36 ▲37 44 ▲45 52 ▲53

図 3-23 2019 年 5 月現在の井の頭線渋谷駅平日発車時刻表（京王線 HP より）．昼間時間帯は 8 分ごとに急行 1 本，普通 1 本の周期的ダイヤにおおむねなっていますが，なぜか 13 時 0 分発であるべき急行が 12 時 59 分発になっています．

の方にお伺いすると「列車ダイヤは毎日変わる」といった言い方をされますが，乗客が普段利用する列車は（平日と休日の区別くらいはあると思いますが）毎日同じ時刻に設定されていることが多いのではないでしょうか．このような「毎日変わらず設定されている列車」は「基本計画」で設定されていて，それはおおむね1日が1周期の周期性を持っているのです．「すうじっく」フロントエンドツールを列車ダイヤ描画だけのために使うという考え方もあろうかと思いますが，そうならばこんなやり方も悪くないでしょう．しかし，列車の数があまりにも多くなり，少々大変ですね．また，2-3-10 項で説明した「旅客出現モデル」の説明を復習してみてください．「いまのところ時間当たりの出現確率が均一なもののみが用意されてい」る，とあります．これは，ある日，あるいはある時間帯には乗客がたくさん出現するが，別な日，あるいは別な時間帯はそうでもない，といったこと（需要波動と呼ぶことがあります）がないと仮定していることになります．大都市の鉄道の利用者なら，朝夕のラッシュ時とそれ以外の時間帯では明確に乗客数が異なることを肌で感じているはずですから，需要波動がないなんて「あり得ない」ことは即座にご納得いただけるでしょう．

そこで，もう一つの考え方は，現実の，厳密にいえば周期的でないダイヤをベースに，おおむね同じ結果が出てきそうな「適切な」周期的ダイヤを作ってしまうというものです．現実のダイヤをじっくり観察し，周期性があるように見える部分を見いだし，それが周期的に繰り返されているということにして列車ダイヤを入力し，評価を行うことになります．先ほどの井の頭線の例でいえば，10時30分から後，夕刻ラッシュアワーより前の時間帯は，図3-23で指摘したような不規則さを忘れれば，8分の周期で「厳密に周期的」といってよいダイヤに現になっていますから，その辺から1周期ぶんを取り出してきて入力すれば足りるはずです．朝ラッシュ時などを除くとそのような周期性が見られるダイヤは，民鉄中心に多数観察されます．ただし，一部のJRの路線など，こうした部分的な周期性であっても全くといっていいほど見られないケースも少なからずありますので，そのようなところでどうするかは，いわば「評価者の腕の見せ所」ということになります．

もう一つ，評価を行ううえで重要なデータとしてOD表があります．これを入手・加工する方法についてもご説明しなければなりません．このデータの実物を入手するのは筆者のような研究者にとっても非常に困難ですが，日本の3大都市圏の路線に限れば，幸い非常に容易に入手可能なデータが毎年，一般財団法人運輸総合研究所から「都市交通年報」という名称で刊行されています．価格は安いとはいえませんが，7 000円弱というくらいで一般個人にも手が届くプライスではないかと思います．東京都心の大規模書店などで「政府刊行物」の棚に陳列されているのを見かけることがたまにあります．

これを見ますと，「3章「輸送量」」とあるところに「(3) 各駅旅客発着通過状況（主要線区）」というデータがあります．ここでは，掲載対象路線の駅すべてについて，当該駅から乗り込む乗客，当該駅で降りる乗客，当該駅とその次の駅との間の断面を通過する乗客のそれぞれについて，その年間乗客数の統計データを記録しています．定期旅客（定期券を購入している乗客）と定期外旅客（定期券ではない乗車券類で利用している乗客）にデータが分けられています（表3-2）．

ちなみに，本来「通過」の数字は駅と駅の間に書かれるべきもので，それがあたかも一つの駅にのみ属しているかのように書かれているのは都市交通年報の編集の都合というほかないと思います．長年このようにデータが公表されているので，われわれもそこは慣れる必要があります．

定期外旅客についてのデータは「上り」「下り」の両方が書いてあり，よく見ると数字が非対称になっています．例えば，行きは所要時間などの関係で電車をターミナル駅まで乗らずに途中駅で降りたが，帰りは着席可能性などの関係でターミナル駅から乗車，というような「行きと帰りで経路が異なる」行動はよく見られますね．しかし，定期旅客の場合，定期券有効期間内は「毎日１回，券面区間を端から端まで往復している」という前提で統計を取るので，このような非対称性はデータ上あり得ず，そのため「下り」のみが記載されています．また，表3-2にはありませんが，他の路線との接続がある駅では，それら路線から乗り換えてこちらの路線に来た乗車客，あるいはこちらからそれら路線に乗り換えていく降車客なども，路線別に記載されています．定期外旅客の「下り」「上り」で「発」「着」が逆に書いてあるところなど，面白いなあ，と思います．いろいろ理解するのに苦労する表でもありますが，都市交通年報を買われたなら電卓などを

表3-2 「都市交通年報」の各駅旅客発着通過状況表の例．表の数字の単位は正確にいうと「人／年」となります．数字のつじつまが合っていることを，電卓などで計算して確認しながらこの表を読んでいくのがおすすめ．詳細な読み方は「都市交通年報」内にも解説ページがあります．

区分	定期外（単位：人）						定期（単位：人）		
	下り		上り		通過		下り		通過
駅名	発	着	発	着	下り	上り	発	着	下り
A	255 406			274 390			280 110		
B	412 825	13 322	12 991	461 079	255 406	274 390	381 030	720	280 110
C	21 601	145 826	144 762	18 984	654 909	722 478	3 810	104 100	660 420
D	27 167	107 000	137 926	33 540	530 684	596 700	3 480	76 590	560 130
E	4 329	228 320	228 541	5 371	450 851	492 314	0	233 610	487 020
F		226 860	269 144		226 860	269 144		253 410	253 410

片手にしばらくじっくり眺め，間違いなく読み取れていることを理解していただきたいと思います．

このデータはOD表の形にはなっていませんが，このデータからOD表を「推定」することはできます．例えば，いま0駅から始まり，1駅，2駅，…　と多数の駅を有する長い路線があるとしましょう．この路線において，$(j-1)$ 駅と j 駅（j はもちろん整数です！）との間を通過している乗客が図3-24のように X 人いるとします．この X 人のなかには，i 駅（i も整数で，かつ $i<j$ です）からこの駅間まできた人が X_i 人だけ含まれているとします．そして，この X 人のうち Y 人が，j 駅で降りるとしましょう．この Y 人のなかに，i 駅からの乗客は何名含まれていると推定されるでしょうか？　比較的「もっともらしい」推定方法は，比率が常に一定と考えるやりかたです．もともと j 駅手前の断面を通過する X 人中 X_i 人が i 駅から来ているのだから，i 駅から来た人の割合は X_i/X です．j 駅で降りる Y 人の中にも，i 駅から来た人がこれと同じ割合で含まれている，と考えるわけです．そうなれば，駅 j で降りる Y 人中，i 駅から来た人の数 $Y_i=Y\times X_i/X$ となるわけです．

この原理を使って，当該路線の端から順に，駅ごとに推定作業を丹念に繰り返していけば，「都市交通年報」のデータからOD表全体を推定・復元することがで

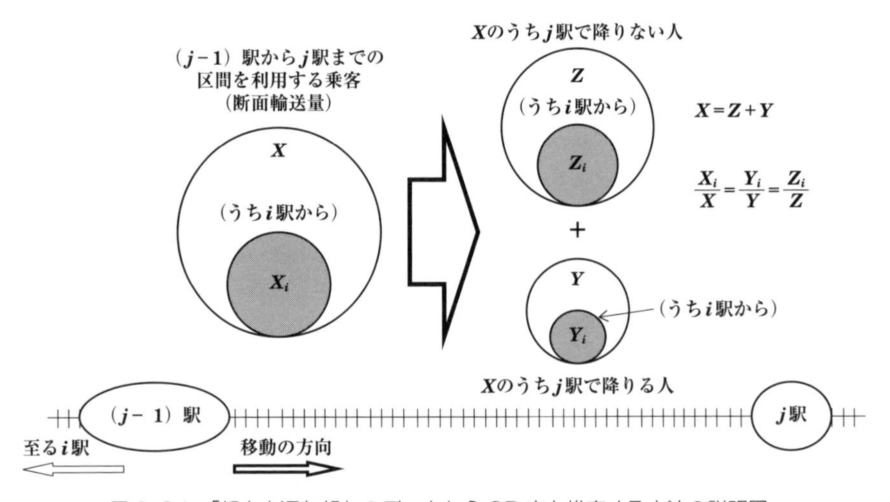

図3-24 「都市交通年報」のデータからOD表を推定する方法の説明図．

きるのです．ポイントは，路線の始発駅とその隣との間の断面に関しては，そこを通過する人全員が始発駅から来た人なのであって，その人数を表から直接読み取ることができることです（路線の終端駅とその隣でも同様）．これが推定作業の起点となります．

最近は鉄道会社のHPなどで各駅の乗降人員データなどが公開されているケースが多くなりましたが，乗降人員データだけではこの作業ができません．都市交通年報のデータは駅の乗降客を「発」と「着」に分けていますが，乗降人員データではその区分けがなされていません．各区間の通過人員数のデータもありません．もちろん，そうしたデータがなかったとしても，何らかの「もっともらしい」推定は可能だとは思います．しかしその推定は「都市交通年報」のようなデータがある場合に比べ，面倒で，かつ誤差の多いものにならざるを得ないだろう，とも思います．

さて，「都市交通年報」所載のデータをもとにこの作業をすることによって，OD表らしいものが推定できたことになりますが，これだけではまだ問題の一部しか解決していません．都市交通年報のデータは「年間の」乗降通過人数です．これを，評価したい時間帯の，例えば1時間当たりの数字に変換しなければなりません．では，ということで，1年は365日ですのでこの数字を365で割って，1日当たりの数字を出す…というのはまずい可能性があります．

平日と休日では一般的に需要に差があるでしょう．それに，朝のラッシュ時，夕方のラッシュ時，お昼ごろなど，1日のうちでも時間帯によって違いがあります．さらに，OD表の「形」とでもいったものが変化することさえあり得ます．例えば，平日は都心と郊外との間を結ぶ通勤路線としての性格が強いが，休日になると多くの観光客が訪れる観光スポットが沿線にあるような路線では，平日と休日でその観光スポット最寄り駅発着のODが大幅に変化する，といったことも起きるかもしれません．したがって，1年当たりの数字を単純に365で割って1日ぶんを出し，列車運行が実際に行われるのは1日のうち19時間程度などと考えて1日ぶんをさらに19で割って1時間当たりを出して…，という推定方法は適切ではない可能性があります．とりあえず，先ほど言及したOD表の「形」については目をつぶるとしても，曜日や時間帯ごとの偏りはどうしたらよいでしょうか．

朝ラッシュ時に関しては，同じ「都市交通年報」に参考になりうるデータがあります．これは，「4 章「輸送力」」のなかの「(1) 主要区間輸送力並びにピーク時および終日混雑率の推移」というデータで，ここに掲載対象路線の最混雑区間の通過人員数（1 時間当たり）が数字として出ています．こちらのデータに掲載がある路線であれば，当該区間の断面輸送量がこのデータと同一になるよう OD 表のデータをこの数字を参考にして調整すれば，ピーク時間帯のデータを作ることができます．ちなみに，国土交通省が毎年発表しており近年では主要メディアもよく取り上げるようになっている「主要路線の混雑率」というのがありますが，それとこの都市交通年報の混雑率データのソースは同一だと思います．

しかし，これ以外の時間帯についてはこうしたデータもなく，推定は資料だけではできそうにありません．どうしたらよいでしょう？　筆者の答えは，こうした場合「足で稼ぐ」です．つまり，実際に当該路線のどこかの駅に，評価したい時間帯に出向いて，列車の混雑を観察して「このくらい」というデータを作り込むというような方法が，手はかかるものの，いちばんいいと思われます．ちなみに，先ほど触れた最混雑区間の混雑率に関するデータの「もと」となる資料は，車両に測定器を仕掛けての測定，あるいは自動改札機のデータからの推定といった方法ではなく，実は目視による測定によって得るのが一般的だったりするくらいですから，このような方法によるデータもそう悪い精度にはなりません．このように，われわれは研究室内にとどまって研究するだけではない活動もときおりしています．

さあ，ここまでくれば，実際の路線についてシミュレーションデータを作り，評価をやってみたくなってきます．そこで，次章では，いくつかの実路線について，公開されている情報をもとにデータを作り，評価をすることで，現在の列車ダイヤの特徴や，改良できそうな点の指摘などを行っていくことにしましょう．

［参考文献］

・高木　亮　1995：「直流饋電系と列車群制御の統合インテリジェントシステム化」，博士論文（東京大学）
・日本鉄道電気技術協会　1994：地下通勤線区における最適き電電圧の設定に関する調査・研究報告書，（一社）日本鉄道電気技術協会

第4章 列車ダイヤ評価の実際

前章までの説明で，「すうじっく」を用いた列車ダイヤ評価の方法，また「すうじっく」が評価に使っているモデルの性質などについてご理解いただけたと思います．本章では，このモデルを使い，実際の路線における列車ダイヤについて論じます．なお，各ケースのデータファイルはサポートサイトからダウンロードできます．

4-1 東京メトロ東西線

4-1-1　基本：停車1回で1分遅くなる／停車列車相互の間隔は最短2分

本章でまず取り上げるのは，東京メトロの東西線の主に東側です．この路線は，東京をほぼ東西に横切っていることからその名がありますが，東側は元々混雑がひどかった国鉄（当時）総武線の救済という目的があり，1969年に現在の東陽町から西船橋までが一気に開業し，そのとき以来この区間では地下鉄としては比較的珍しい快速列車が運転されてきたことで知られています（この間はほぼ地上区間を走るので，あまり地下鉄らしくないのですけれど）．近年は，混雑のひどい路線としても知られていて，国土交通省が毎年発表するこの路線の最混雑1時間の平均混雑度は全国最悪を総武線と争う形になっています．

現在，快速電車は昼間には15分に1本ずつ運行されていて，停車駅は中野～東陽町の各駅と浦安・西船橋となっています．通過するのは，東陽町～浦安間が南砂町・西葛西・葛西の各駅，浦安～西船橋間が南行徳・行徳・妙典・原木中山の4駅です．それ以外に普通列車が15分当たり2本運行され，合計で5分に1本（1

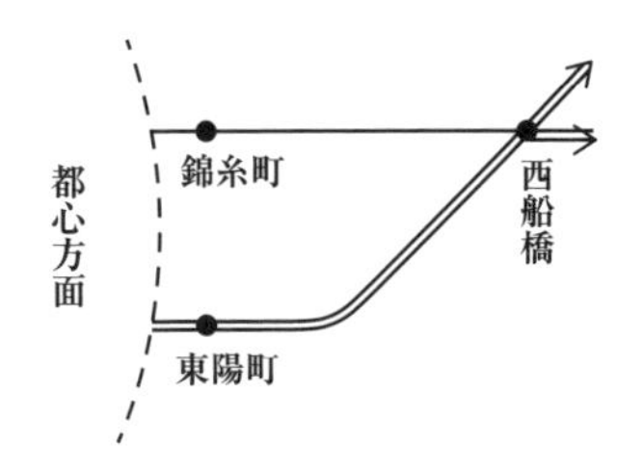

図 4-1　東京メトロ東西線と関係路線．西船橋から浦安などを経て東陽町に至る，この図に示した区間は，東陽町近辺を除くとほぼ地上区間になります．

図 4-2　荒川中川橋梁を渡る東京メトロ東西線電車．

時間当たり 12 本）の電車が運行されています．この 15 分当たり 2 本の普通列車のうち 1 本は快速列車に追い抜かれないもの．もう 1 本は葛西において後続の快速電車に通過追い抜きされます．

ところで，歴史を振り返りますと，この東陽町・西船橋間というのは開業当初はかなり沿線人口の少ないエリアでした．そもそも開業当初は途中駅も少なく，西葛西・南行徳・妙典は後年開業したもの．山本周五郎の有名な小説「青べか物語」は浦安が舞台といわれていますが，現在の浦安からは想像もつかないひなびた漁師町が描写されています．筆者自身が中高生として東西線をよく利用した 1980 年代でさえ，駅の設置が遅れた妙典付近，江戸川放水路の近くは，線路脇まで一面のハス畑でした！　いまやそんな当時の面影はほとんど残っていませんから，いかに東西線が沿線に与えたインパクトが大きかったかがわかります．

そして開業当初の快速電車は浦安駅にも停車せず，東陽町から西船橋まで 5 駅を通過するサービスでした．快速電車と普通電車の比率もたしか 1：1 だったと記憶しています．建設を急いだ理由の一つが混雑する総武線の救済でしたので，同線に接続する西船橋から都心への速達性を高めるという観点からこのような運転が望ましかったのだろうと思います．しかし，ほどなく総武線の複々線化が完成して輸送力が増強された一方，東西線では沿線人口が急増し，途中駅の重要性が相対的に増しており，快速電車は運転本数の減少や停車駅増加などでかつてに比べ「影が薄い」存在になっているように思います．

東京メトロの前身である帝都高速度交通営団は，東西線の快速電車のことを

「地下鉄唯一の快速運転」と称し，最高速度100 km/hという数字とともに宣伝していましたが，実際に昼間に快速電車に乗車してみると「のろのろ」走っている感じがしたものです．これは，朝夕ラッシュ時に比べ運行本数の少ない昼間には快速電車は先行する普通列車を追い抜かないダイヤになっていたからです．なぜ，それがのろのろにつながるか？

それは，都市鉄道の列車ダイヤについての基本を理解するとおわかりいただける話です．その基本とは「都市鉄道の列車は，1回停車回数が増えるごとに1分遅くなる」というもの．お手元に，例えば「東京時刻表」のような，都市鉄道の時刻が詳しく掲載されている時刻表をご用意いただき，全駅停車の普通列車と一部駅を通過する列車（快速・急行など名称はいろいろですが）とで所要時間を比べていただくと，多くの場所でかなり正確に1駅停車当たり1分遅くなっていることがみてとれると思います（もちろんいつでも厳密にそうなっているわけではありませんが）．例えば，普段は60 km/h一定で走っている電車があるとします．この電車は加速・減速のいずれを行うときも一定の加減速度で，0 km/hから60 km/hまでの加速，もしくは60 km/hから0 km/hまでの減速のいずれも30秒かかるとします（ちなみに，このときの加減速度を計算すると2 km/(h·s)＝0.55 m/s^{2}となります）．そして，停車時間を30秒みることにします．そうすると，60 km/h一定速度で走り抜ける（このことを巡航といいます）のに比べ，60 km/hでの巡航の途中に「減速・停車・加速」を1回挿入するごとに，正確に1分所要時間が長くなるのです．通勤電車の速度や加速度は路線や車両により違いますが，おおむねどの国のどの路線でも都市鉄道なら1回停車で1分遅くなるという関係が成り立つのです．

この関係がありますから，開業当時の東西線快速電車は同じ区間を走る普通電車に対して停車回数が5駅少ないわけですので，5分早いということになります（実際には速度が高めなのでもう1分程度早くなることが多い）．そうなると，東陽町駅で先行する普通電車と後続の快速電車との時間差が5分だったとすると，快速電車は西船橋駅に着く前に先行する普通電車に追いついてしまい，ペースを落とさざるを得なくなっていたのです（図4-3）．

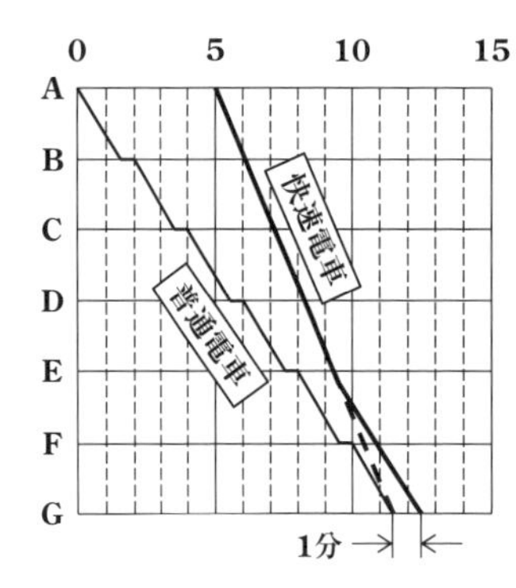

図 4-3　快速電車が普通電車の５分後に発車し，途中５駅通過で追いかけるようすを描いた列車ダイヤの例．A～G 駅はそれぞれ東陽町，南砂町，葛西，浦安，行徳，原木中山，そして西船橋と考えてください（西葛西，南行徳，そして妙典の各駅は開業前）．通過駅１駅当たり１分所要時間が短くなるので，快速はＦ駅手前で普通に追いついてしまい減速を余儀なくされます．Ｇ駅では普通到着の１分後に快速が到着するように描きましたが，これを実現するには普通電車と快速電車が異なるホームに到着する必要があります（現在ある信号システムでぎりぎり可能でしょう）．

このような「のろのろ運転」を防ぎたければ，普通列車をどこかの駅で待たせ，快速列車に追い越させるほかありません．最近の東西線の列車ダイヤでは，中野～東陽町間において昼間は 5 分間隔で列車が走っていますが，快速電車の 1 本前の普通電車は東陽町駅で 1 分余計に停車し，東陽町駅発車時点では快速電車が 4 分前に発車した普通電車を追いかける形になっています．その後，南砂町および西葛西の 2 駅に停車した各駅停車は，葛西駅で待避線に入り，その 2 分弱のちにはその脇を快速電車が通過していく形になります（図 4-4）．

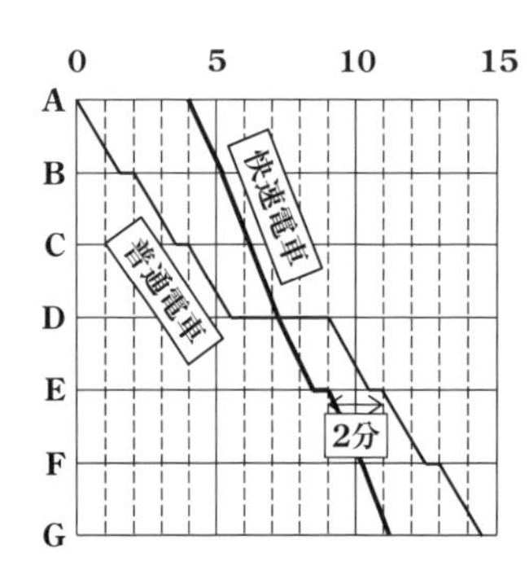

図 4-4　快速電車が普通電車の４分後に発車し，途中２駅通過後，３駅目で普通電車を通過追い越しするようすを描いた列車ダイヤの例．A～G 駅はそれぞれ東陽町，南砂町，西葛西，葛西，浦安，南行徳および行徳駅とみてください．後述のように，Ｅ駅では列車の発車間隔は２分確保する必要があり，このためＤ駅での普通電車の停車時間が長くなっています．なお，Ａ駅での普通電車と快速電車の発車間隔は４分確保してありますが，快速電車は２駅通過で普通電車より２分速くなると考えると，ここが３分でもＤ駅で追い抜くまで快速電車はぎりぎり減速せずにすむ計算になります．

ところで，葛西で快速列車を先行させた各駅停車は，快速電車が通過したらすぐに出発したいところですが，そうはいきません．これは，次の浦安駅が自分を追い抜いていった快速電車の停車駅になっているからです．そして，図 4-5 に示す「配線」が重要になります．

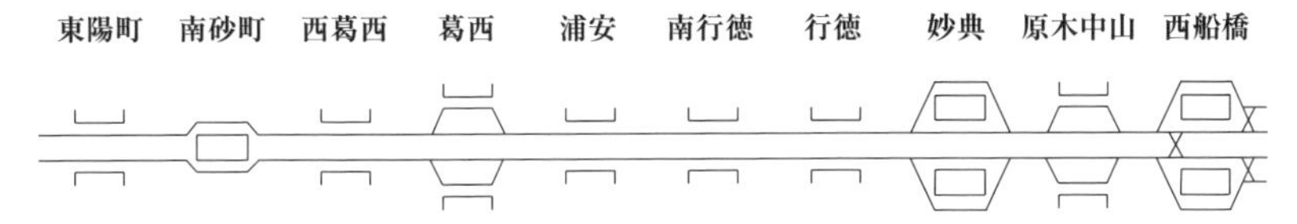

図 4-5 東京メトロ東西線・東陽町〜西船橋間の配線略図．なお，車庫などへの入出庫のための線路や非常渡り線，安全側線などを一部省略してあるので，現実の線路とは異なる部分があります．

快速電車と普通電車の時間差を考えてみると，東陽町駅で 4 分あったものが，南砂町・西葛西・葛西の 3 駅停車で 1 分差．葛西駅で普通電車が待避のため 2 分余計に停車したとすれば，浦安では普通電車が快速より 1 分遅く到着する計算になります．ところが，浦安には下りホームは 1 本しかありません．その場合，1 分間隔で 2 本の列車が停車し，発車していくというのは不可能と考えられます．それが可能なら，地下鉄は 1 時間に 60 本の列車を運行できることになりますが，そんな路線は日本国中どこを探してもないですね！

ちょっと計算してみましょう．巡航速度 90 km/h＝25 m/s，加減速度が速度によらず 3.6 km/(h･s)＝1 m/s^2 の電車があるとします（この性能は首都圏の電車に比べてかなり高いといえます）．列車長は東西線と同じ，1 列車当たり 200 m とします．停車時間が 35 秒だとすると，この場合も 1 回の停車で正確に 1 分遅くなります．このような列車が複数，次々連続してある駅を出入りするときの運動の様子を，より詳細に図に描いてみます．このような図は，列車と列車の間の時間的間隔（時隔）の最小値を知るためによく描かれ，「時隔曲線」と呼ばれます．図の縦軸が距離，横軸が時間をそれぞれ表しているという意味では列車ダイヤ図と同じですが，列車の先頭位置・後尾位置の動きが時々刻々詳細に描かれている点が異なります．実際には信号機の位置や現示なども描かれますが，今回は省略しましょう．

まず，2 分時隔で列車が出入りする場合を図 4-6（a）に描きました．図では判読しにくいですが，列車と列車の最小間隔は 1 300 m になります．このくらいですと余裕があるように思えますが，1 300 m の列車間距離というのは決して長いわけではありません．また，東京の朝ラッシュ時間帯のひどい混雑状況をご存知の方ならおわかりでしょうが，35 秒の停車時間というのもかなり短いといえま

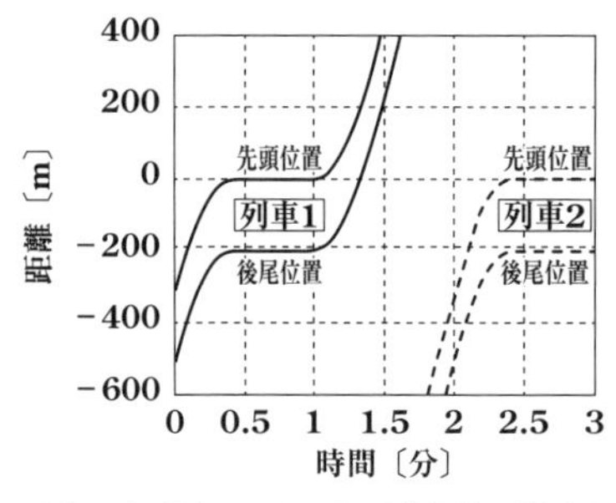

(a) 2分時隔．これでも両列車間の間隔は最短時1 300 mまで近づいています．

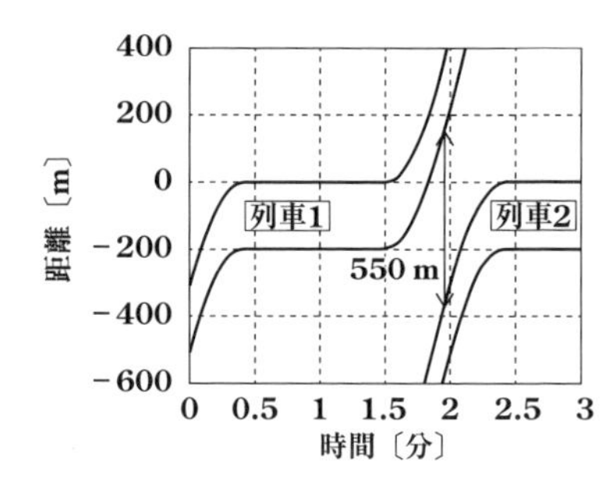

(b) 2分時隔で停車時間のみ65秒としたとき．列車間最短距離は550 m．

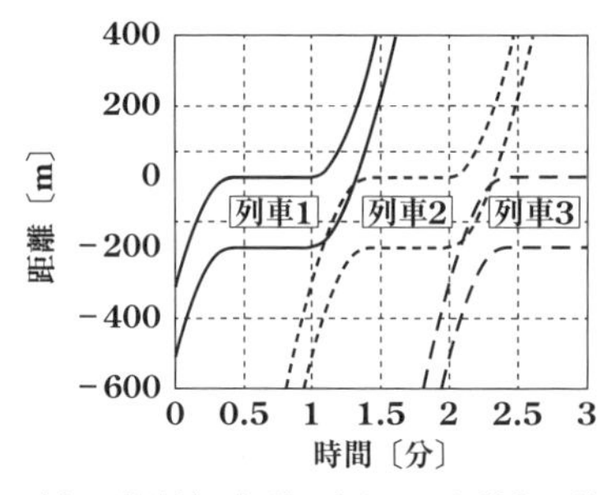

(c) 1分時隔で無理に入れてみた場合．列車どうしが重なるということは衝突が起きてしまうということで，これは不可能．

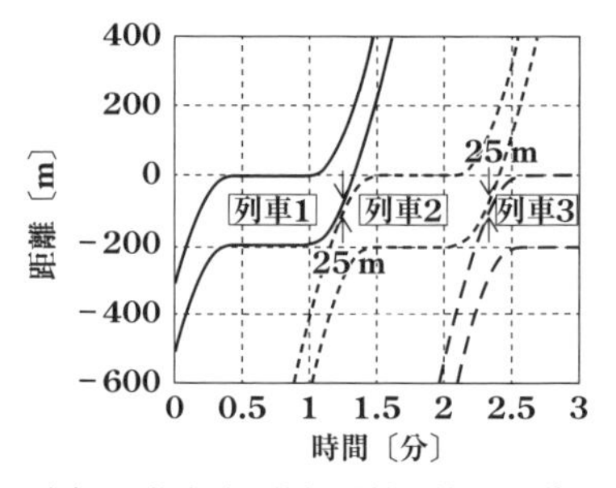

(d) 65秒時隔．列車間最短距離はわずか25 mで，これも実現不可能．

図 4-6　時隔曲線（巡航速度 90 km/h，加減速度 1 m/s²，列車長 200 m）．

す．実際には少なからぬ駅で 60 秒を越えていることでしょう．そこで，図 4-6 (b) のように 2 分時隔のまま，停車時間だけ 65 秒に延ばしてみましょう．そうすると，列車と列車の最小間隔は 550 m まで縮まります．この列車が巡航速度からブレーキをかけたとき，ブレーキ開始から停止するまでに 300 m 以上走る計算になりますから，この数字はかなり「ぎりぎり」です．

では，35 秒停車時間のまま，1 分時隔にしてみたらどうでしょうか？　図上でコピー・アンド・ペーストして強引に 1 分時隔にしてしまうと，図 4-6 (c) のようになり，列車と列車が一部重なってしまいます！　列車と列車がぶつかるほどの時隔は実現不可能なことが明らかなので，5 秒だけ列車間隔を広げ，同図 (d)

のように65秒時隔にしてみます．これでとりあえず衝突は避けられたように見えますが，このとき列車と列車の最小間隔はわずか25 m です．

2本の列車どうしの間隔が最小となる瞬間には，両者の速度は等しくなっているはずです．ですから，このとき先行する列車が突然急減速するようなことがなければ，これで安全なのでは，と思われるかもしれません．しかし，鉄道の信号システムには「れんが壁衝突」という安全上の大原則があります．先行列車がどんなに高い減速度で停止しても，後続列車が安全にその後ろに止まれるようにしなければなりません．「どんなに高い減速度でも」ですから，無限大減速度でも，なのです！ この無限大減速度という仮定が，非常に厚くて丈夫で何があっても動かない，れんがの壁に列車が突っ込む様子を想像させるので，この原則は「れんが壁衝突」という言葉で世界中に広く知られています．多数の乗客が乗車する列車の運行において，このようなところで万一を頼むことはできないのです．

以上の計算例からもわかりますが，一般的に，同じホームに列車が次々停車していく場合，1時間当たり30本，あるいは2分に1本というのが，東京の多くの路線のように長い列車を使う場合の列車頻度の上限です（この1時間30本という頻度さえ，実現できている路線は東京には，厳密にいえばありません）．そうなると，普通列車は葛西駅で2分強待って発車し，浦安駅までの間の走行中に1分余計に時間をつぶすか，葛西駅での停車時間を3分強に延ばすことになるでしょう．実際の列車ダイヤを見ると，どちらかというと後者をやっているようにみえます．

以上のように，「停車1回で1分遅くなる」および「同一ホームでの停車列車相互の間隔は2分」というのは，都市鉄道において基本的な数字になりますので，覚えておいてください．

このような東西線の状況が，現時点でみて望ましいものとは筆者は思っていませんが，快速電車の停車駅などの路線の状況がこのようになることが予想できなかった建設当時，このような設備を作ってしまったことは致し方ないのでしょう．浦安駅に快速を止めるという方針であれば，浦安駅がいわゆる2面4線駅（3-4節をご参照ください）になっていると，もう少しよかったと思います．現在の列車ダイヤでは，普通電車は葛西で3分以上待たされていますが，浦安駅が2面4線であれば図4-7のようにここで快速電車と普通電車が追い越しと同時に相互の接続が図れるようになり，普通電車は浦安で３分待てばよいことになります．しかも，仮に南砂町～葛西間の乗客が西船橋まで行きたい場合，浦安で快速電車に乗り換えることができます（現在これは不可能です）．

実をいうと，現在葛西駅の利用者数は浦安駅のそれの 1.5 倍程度あり，浦安が快速停車，葛西が快速通過というのが適切かどうかについても疑問があります．現状では，しかし葛西駅が快速列車通過を前提にした構造になっていて，その意味でも葛西駅快速停車に踏み切れなくなっているように思われるのです．

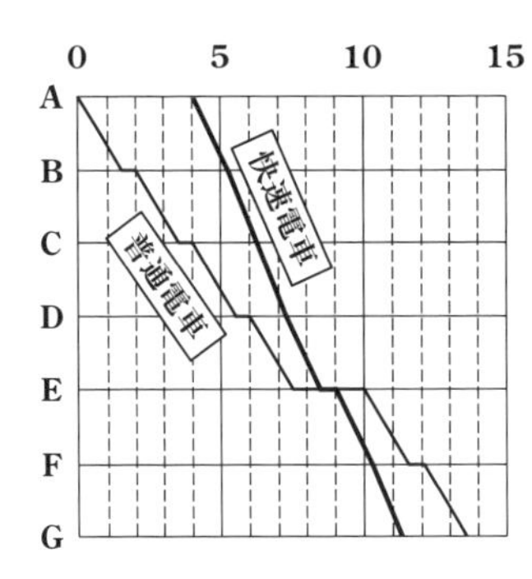

図 4-7　快速電車が普通電車の４分後に発車し，途中３駅通過後，自身も停車する４駅目で普通電車を追い越す列車ダイヤの例．図 4-5 と比較してみてください．E 駅では２面４線の設備が必要になりますが，図 4-5 と比べて快速電車の所要時間は変わらず，普通電車の A 駅から E 駅以遠の各駅までの所要時間は１分短くなります．図 4-5 では不可能だった，E 駅での普通電車から快速電車への乗換えも可能に．

4-1-2　朝ラッシュ時，快速列車の運転をやめる

ということで，昼間下り[†1]の列車ダイヤを例に基本的な知識をご説明しましたが，ここで東西線を取り上げたのは，平日朝ラッシュ時上りの状況についてみたかったからです．

現在，平日朝ラッシュ時上りは快速列車の運行はなく，「通勤快速」と称する列車が設定されています．この「通勤快速」は西船橋駅を出発すると次の停車駅は浦安で，その後はすべての駅に停車しつつ都心に至ります．これ以外の列車はすべて各駅停車です．朝ラッシュ時の列車ダイヤにはあまり明確な規則性が見ら

†1　東京メトロの路線の場合，上り・下りではなく，建設当時に路線が「おおむね伸びていった方向」に運転する線路を「A 線」，逆を「B 線」と呼びます．東西線の場合は 1964 年に九段下・高田馬場間が開通，その後両方向に延伸されていますが，「おおむね伸びていった方向」ということで，西船橋方面が A 線とされます．ただ，東西線のこの区間を利用する乗客なら，西船橋方面が「下り」，逆が「上り」で感覚的にご理解いただけると思います．

列車名[編成名]		通快上1[CRU1]		普妙上1[LMU1]		普西上1[LNU1]		通快上2[CRU2]		普妙上2[LMU2]		普西上2[LNU2]	
		着	発	着	発	着	発	着	発	着	発	着	発
西船橋	0.0		7:43:00				7:44:10		7:49:30				7:50:40
原木中山	1.9	7:45:00	↓			7:47:10	7:48:00	7:51:30	↓			7:53:40	7:54:30
妙典	4.0	7:47:00	↓		7:49:40	7:50:50	7:51:50	7:53:30	↓		7:56:10	7:57:20	7:58:20
行徳	5.3	7:49:00	↓	7:51:00	7:51:50	7:53:10	7:54:00	7:55:30	↓	7:57:30	7:58:20	7:59:40	8:00:30
南行徳	6.8	7:51:00	↓	7:53:00	7:53:50	7:55:10	7:56:00	7:57:30	↓	7:59:30	8:00:20	8:01:40	8:02:30
浦安	8.0	7:53:00	7:53:50	7:55:10	7:56:00	7:57:20	7:58:10	7:59:30	8:00:20	8:01:40	8:02:30	8:03:50	8:04:40
葛西	9.9	7:56:00	7:56:50	7:58:10	7:59:00	8:00:20	8:01:10	8:02:30	8:03:20	8:04:40	8:05:30	8:06:50	8:07:40
西葛西	11.1	7:58:30	7:59:20	8:00:40	8:01:30	8:02:50	8:03:40	8:05:00	8:05:50	8:07:10	8:08:00	8:09:20	8:10:10
南砂町	13.8	8:02:00	8:02:50	8:04:10	8:05:00	8:06:20	8:07:10	8:08:30	8:09:20	8:10:40	8:11:30	8:12:50	8:13:40
東陽町	15.0	8:05:00	8:06:00	8:07:10	8:08:10	8:09:20	8:10:20	8:11:30	8:12:30	8:13:40	8:14:40	8:15:50	8:16:50
以遠	15.9	8:07:50		8:10:00		8:12:10		8:14:20		8:16:30		8:18:40	

図 4-8　現在の列車ダイヤをモデル化した入力データ.

れませんが，最も混雑が激しい時間帯に近いと思われる，西船橋駅発 7 時 40 分過ぎの 20 分ほどをみると，通勤快速 1 本，西船橋からの各駅停車 1 本，途中駅の妙典始発の各駅停車 1 本が，おおむね 6～7 分程度の周期で設定されているようにみえます．そこで，それを「すうじっく」に入れやすいように西船橋から東陽町の先（以遠という名前で仮想的な駅を置いてみました）までを 13 分の周期でモデル化したのが，図 4-8 の列車ダイヤです．

なお，図 4-8 の駅名のすぐ右にある数字は営業キロです．本来こういうものはダイヤ図とともにお示しすべきものだと思いますが，2-3-12 節の【作業 2】で説明したとおり，「すうじっく」フロントエンドツールで列車ダイヤの描画もできますので，ぜひデータをダウンロードして表示させてみてください．本章で以降に出てくるいくつかの同形式のデータ（図 4-9，4-16，4-17，4-24，4-25，4-26）についても，同様です．

実は，かつては朝ラッシュ時にも「快速」列車が設定されていました．しかも，1990 年代までは，その快速は東西線開業当初からの伝統に従ったのか，浦安駅に停車しない快速でした．しかし，1980～90 年代にこの時間帯の「快速」に実際に乗ったときの記憶はといえば，快速とは名ばかりできわめてのろのろと走る列車であり，乗って嬉しいと思ったことはありませんでした．当時すでに途中駅の利用者数が増大し，快速電車は多数の普通電車に混じって走らざるを得なくなり，1 駅通過で 1 分早くなる速達性など活かすことができない状態になっていたのです．

「快速」が「復活」したと仮定して，図 4-9 のような列車ダイヤをつくり，これについてシミュレーションを行ってみました．結果ファイルから，列車の混雑率を引き出し，プロットしたのが図4–10となります．当然ですが，停車駅以外では列車内の乗客数は増減しませんので，西船橋を出た快速電車は東陽町まで同一の混雑率になります．しかし，各駅停車列車はそうではなく，最初はあまり混んでいませんが，都心（東陽町）に近づくにつれ混雑が増していきます．

しかし，快速電車の混雑率は結局普通列車のそれより大きいままでした．東西線では快速電車の削減を図って乗車率の均一化を図ったはずなのですが，これで

列車名[編成名]		通快上1[CRU1]		普妙上1[LMU1]		普西上1[LNU1]		快上2[RU2]		普妙上2[LMU2]		普西上2[LNU2]	
		着	発	着	発	着	発	着	発	着	発	着	発
西船橋	0.0		7:43:00				7:44:10		7:49:30				7:50:40
原木中山	1.9	7:45:00	↓			7:47:10	7:48:00	7:51:30	↓			7:53:40	7:54:30
妙典	4.0	7:47:00	↓		7:49:40	7:50:50	7:51:50	7:53:30	↓		7:56:10	7:57:20	7:58:20
行徳	5.3	7:49:00	↓	7:51:00	7:51:50	7:53:10	7:54:00	7:55:30	↓	7:57:30	7:58:20	7:59:40	8:00:30
南行徳	6.8	7:51:00	↓	7:53:00	7:53:50	7:55:10	7:56:00	7:57:30	↓	7:59:30	8:00:20	8:01:40	8:02:30
浦安	8.0	7:53:00	7:53:50	7:55:10	7:56:00	7:57:20	7:58:10	8:00:00	↓	8:01:40	8:02:30	8:03:50	8:04:40
葛西	9.9	7:56:00	7:56:50	7:58:10	7:59:00	8:00:20	8:03:20	8:02:10	↓	8:04:40	8:05:30	8:06:50	8:09:50
西葛西	11.1	7:58:30	7:59:20	8:00:40	8:01:30	8:05:00	8:05:50	8:03:40	↓	8:07:10	8:08:00	8:11:30	8:12:20
南砂町	13.8	8:02:00	8:02:50	8:04:10	8:05:00	8:08:30	8:09:20	8:07:00	↓	8:10:40	8:11:30	8:15:00	8:15:50
東陽町	15.0	8:05:00	8:06:00	8:07:10	8:08:10	8:11:30	8:12:30	8:09:20	8:10:20	8:13:40	8:14:40	8:18:00	8:19:00
以遠	15.9	8:07:50		8:10:00		8:14:20		8:12:10		8:16:30		8:20:50	

図4–9　「快速復活ダイヤ」をモデル化した入力データ．

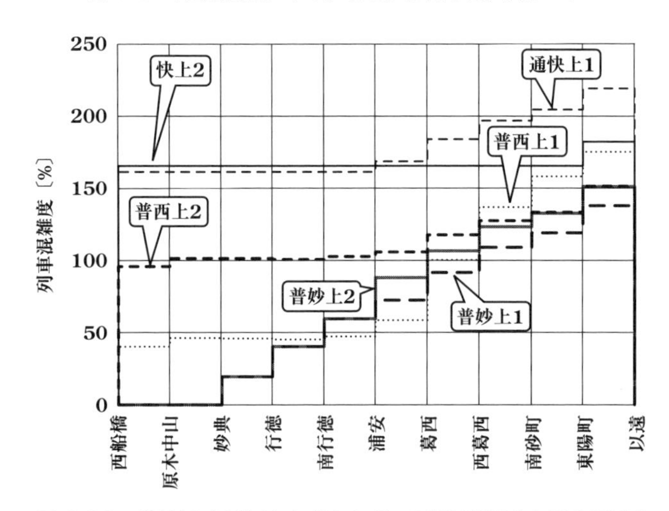

図4–10　「快速復活ダイヤ」（図4–9）の評価結果より列車混雑度をグラフ化したもの．

は快速電車の増発をしたほうがよいようにさえ見えます．実際，図 4-8 の現状ダイヤについても同様にシミュレーションを行い，結果ファイルにある列車混雑度をみると，「普西上 1」列車の混雑度が図 4-9 のデータを用いて得られた図 4-10 の場合より低下してしまい，快速と普通の混雑率の差が大きくなってしまいました．

これは，「すうじっく」のモデルが混雑回避などの乗客行動モデルをもっていないことに加え，実際の列車ダイヤでは西船橋始発ではない列車を西船橋始発としてシミュレーションしてしまったこと，そして無理やり（通勤）快速 2 本，妙典始発の各駅停車 2 本，西船橋からの各駅停車 2 本が走る 13 分間を 1 周期としてシミュレーションを行ってしまったことなどに原因がありそうです．実際の東西線では，相当数の列車が東葉高速線および総武緩行線から直通列車であり，しかも一部は東西線内に普通電車として入ってくることもあります．実際の東西線では，こうした各列車の性質を 1 本 1 本見極めて列車ダイヤの微調整が図られているようです．

ともかく，両者でそれほど大きな違いは出ませんでした．例えば，両ダイヤの評価結果のうち，各駅間ごとの実効混雑度の比較を図 4-11 に示します．西船橋寄

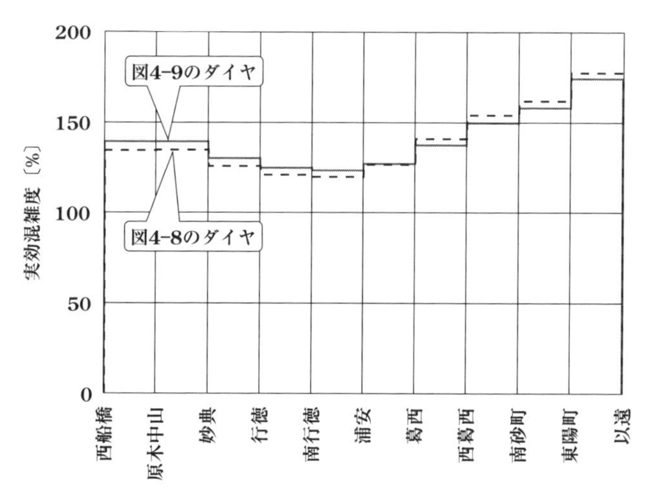

図 4-11　図 4-8・4-9 の両ダイヤについて，各駅間の実効混雑度を比較したもの．

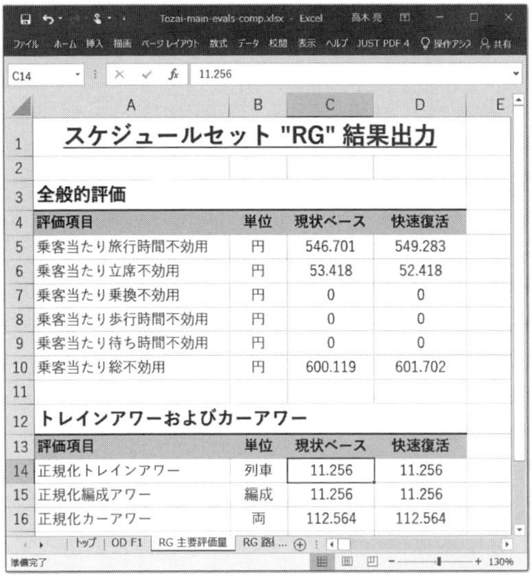

	A	B	C	D
1	スケジュールセット "RG" 結果出力			
2				
3	全般的評価			
4	評価項目	単位	現状ベース	快速復活
5	乗客当たり旅行時間不効用	円	546.701	549.283
6	乗客当たり立席不効用	円	53.418	52.418
7	乗客当たり乗換不効用	円	0	0
8	乗客当たり歩行時間不効用	円	0	0
9	乗客当たり待ち時間不効用	円	0	0
10	乗客当たり総不効用	円	600.119	601.702
11				
12	トレインアワーおよびカーアワー			
13	評価項目	単位	現状ベース	快速復活
14	正規化トレインアワー	列車	11.256	11.256
15	正規化編成アワー	編成	11.256	11.256
16	正規化カーアワー	両	112.564	112.564

図 4-12　図 4-8・4-9 の両ダイヤについての各種不効用やトレインアワー・カーアワーなどの評価結果を比較したもの．図 4-8 が「現状ベース」，図 4-9 が「快速復活」．快速復活ダイヤでは快速電車が先行する普通電車を追い抜き２分早くなるものの，普通電車が２分遅くなるので，差し引きでトレインアワー・カーアワーは不変．

りではわずかながら図 4-8 のほうが実効混雑度が低く，つまり乗車率の均一化が図られていますが，都心寄りではこれまたわずかながら逆の結果が得られています．また，乗客一人当たり各種不効用やトレインアワー・カーアワーなどの評価結果の比較を図 4-13 に示します．大きな差はありませんが，わずかに図 4-9 のほうが悪化しています．トレインアワー・カーアワーなどについては，普通列車が快速待避のため２分遅くなる一方，快速列車は通勤快速に比べ浦安～南砂町間通過のため２分所要時間が短くなるので，両者の相殺により変化なしという結果が得られました．

しかし，興味深いことに，通勤快速電車を快速電車に変更することにより速達性の向上がみられるかと予想したのに，蓋を開けてみるとそのことによるメリットが快速通過駅での待ち時間増加で相殺されてしまっています．実際のところ快速電車もあまり「快速らしく」快走しているわけではない一方，その快速がいわば「無理に」葛西駅で先行する各駅停車を待たせることによる新たな損失も生じ，結果にむしろ悪影響が生じているように見えます．

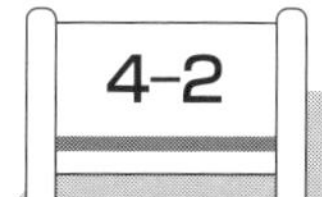

4-2 東急田園都市線

前節で取り上げた東京メトロ東西線と似通った状況なのが，東急電鉄（東急）の田園都市線です．

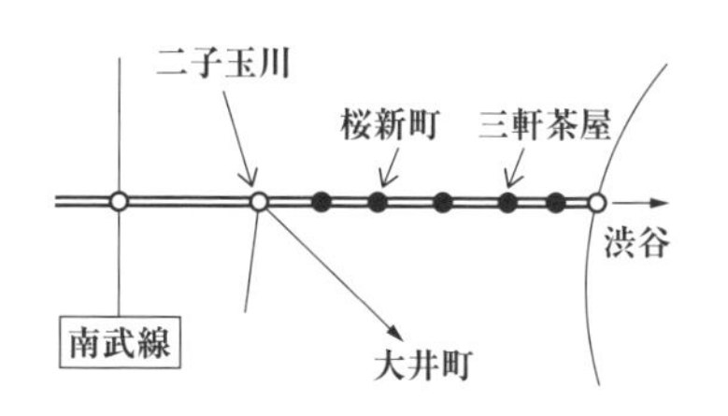

図 4-13　東急田園都市線，二子玉川〜渋谷間と関係路線．

図 4-14　田園都市線渋谷駅．日曜日昼間でも混んでいます．

この路線は，民間企業が単独で行った都市開発として世界的に有名な多摩田園都市における重要な交通機関ですが，幾度か都心側の起点駅が変わった点など趣味的にも興味深いところがあります[†2]．しかし，開発が進んで沿線人口が増えるに従い，地下線を含む都心側の区間の混雑が激しくなっています．最新のデータでは，池尻大橋・渋谷駅間の最混雑時の混雑率が 184 %とされています．一時は先ほどの東西線と覇（？）を争う状態でしたが，大井町線を延伸して都心側ターミナルの分散を図る施策などより，わずかながら改善した状況ということのようです．

かつては，朝ラッシュ時間帯にもこの区間において二子玉川・三軒茶屋・渋谷

---

†2　田園都市線は，当初「大井町線」と呼ばれていた路線を延伸して名称を変更する形で誕生したため，大井町が起点でした．のち，路面電車が走っていた渋谷・二子玉川園（現在の二子玉川）間に地下鉄「新玉川線」を建設し，列車は大井町ではなく渋谷に直通するようになりました．これに伴い大井町・二子玉川園間は線名が「大井町線」に戻り，田園都市線は二子玉川園起点とされました．最終的には「新玉川線」も含めて渋谷・中央林間間が「田園都市線」ということになり，現在は渋谷起点となっています．

のみ停車の「急行」列車が多数運行されていました．その比率は急行列車と普通列車の本数が同一というものです．その結果，普通列車は必ず途中の桜新町駅で後続の急行に抜かれるダイヤになっていました．この桜新町駅の構造も，東西線の葛西駅と同様，通過追抜きしかできないものです．しかし，このようなダイヤにしますと二子玉川以遠の普通列車のみ停車する駅から三軒茶屋・渋谷方面への乗客は，二子玉川で急行への乗換えが必要となります．

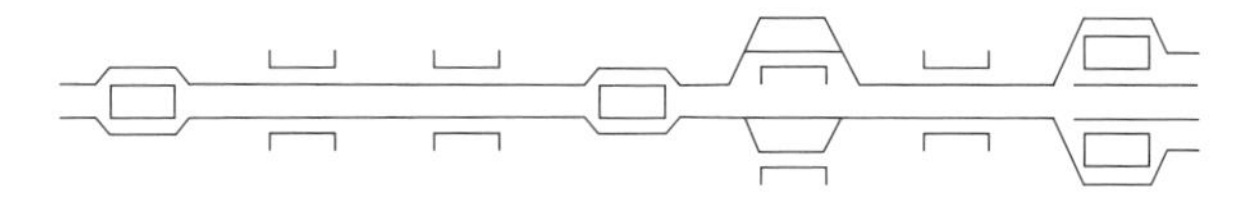

図４–15　東急田園都市線（渋谷・二子玉川間）配線略図．東西線と同様，非常渡り線などを省略してあり，現実の線路とは異なる部分があります．二子玉川駅以外は全線地下線．桜新町駅は２層構造で，地下２階が下り（二子玉川・長津田・中央林間方面ゆき），地下３階が上り（渋谷方面ゆき）となっています．二子玉川駅は２面４線の構造ですが，内側線は大井町線が利用し，田園都市線の電車は外側線のみを使用します．

まず，二子玉川・渋谷間の現状ダイヤを図4–16のようにモデル化します．そして，急行列車を走らせると仮定し，同区間について図4–17のような列車ダイヤを作ってみました．これらを比べてみましょう．

まずは図4–18で各種不効用やトレインアワー・カーアワーの比較をみると，急行復活ダイヤのほうがだいぶよい評価になっていることがわかります．東西線のケースと異なり，急行列車はわずかながらトレインアワー・カーアワーの低減に

列車名[編成名]		普通1[L1]		普通2[L2]	
周期＝4分20秒		着	発	着	発
二子玉川	0.0		8:01:30		8:03:40
用賀	1.8	8:04:10	8:05:00	8:06:20	8:07:10
桜新町	3.1	8:06:40	8:07:30	8:08:50	8:09:40
駒沢大学	4.6	8:09:50	8:10:40	8:12:00	8:12:50
三軒茶屋	6.1	8:12:20	8:13:10	8:14:30	8:15:20
池尻大橋	7.5	8:15:00	8:15:50	8:17:10	8:18:00
渋谷	9.4	8:19:00		8:21:10	

図４–16　田園都市線二子玉川・渋谷間，現状ダイヤをモデル化したもの．

列車名[編成名]		普通1[L1]		急行2[E2]	
周期＝4分20秒		着	発	着	発
二子玉川	0.0		8:01:30		8:03:40
用賀	1.8	8:04:10	8:05:00	8:06:10	↓
桜新町	3.1	8:06:40	8:09:00	8:07:50	↓
駒沢大学	4.6	8:11:20	8:12:10	8:10:10	↓
三軒茶屋	6.1	8:13:50	8:14:40	8:11:40	8:12:30
池尻大橋	7.5	8:16:30	8:17:20	8:14:40	↓
渋谷	9.4	8:20:30		8:18:20	

図 4-17　田園都市線二子玉川・渋谷間，急行列車復活ダイヤ．

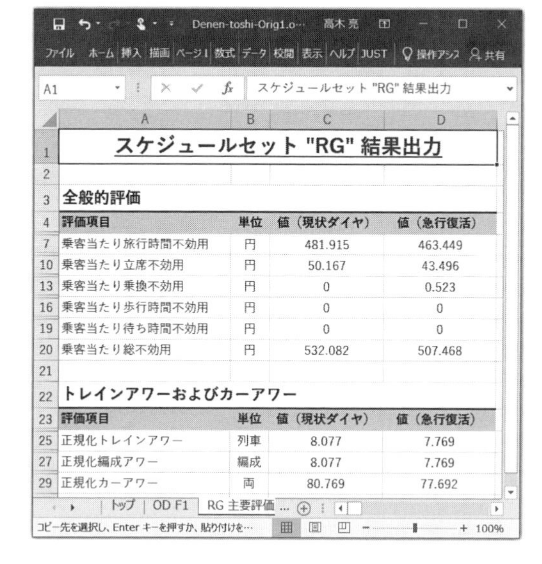

スケジュールセット "RG" 結果出力

全般的評価

評価項目	単位	値（現状ダイヤ）	値（急行復活）
乗客当たり旅行時間不効用	円	481.915	463.449
乗客当たり立席不効用	円	50.167	43.496
乗客当たり乗換不効用	円	0	0.523
乗客当たり歩行時間不効用	円	0	0
乗客当たり待ち時間不効用	円	0	0
乗客当たり総不効用	円	532.082	507.468

トレインアワーおよびカーアワー

評価項目	単位	値（現状ダイヤ）	値（急行復活）
正規化トレインアワー	列車	8.077	7.769
正規化編成アワー	編成	8.077	7.769
正規化カーアワー	両	80.769	77.692

図 4-18　図 4-16・4-17 の両ダイヤについての各種不効用やトレインアワー・カーアワーなどの評価結果を比較したもの．図 4-16 が「現状ベース」，図 4-17 が「急行復活」．東西線のときと異なり，急行復活ダイヤではわずかながらトレインアワー・カーアワーが低減．乗客から見た所要時間短縮効果も少なからずあります．

寄与していますし，所要時間短縮により多くの乗客が混雑にさらされる時間が短縮されています．ただし，「すうじっく」のモデルでは混雑率が，立たされる乗客一人当たりの立席損失に反映されません（断面輸送量も断面輸送力も変えていませんから，立席時間の平均値が短くなったぶんだけ損失が減ります）．また，二子玉川～渋谷間のみモデル化した関係で，二子玉川での乗換え損失も考慮に入れることができなくなっています（後で紹介する京王井の頭線の事例をみればわかりますが，乗換えは乗客からみた不効用評価に大きく影響します）．これらを正当に評価すれば，両者の差は縮まるか，逆転というところまでいくこともあるかもしれません.

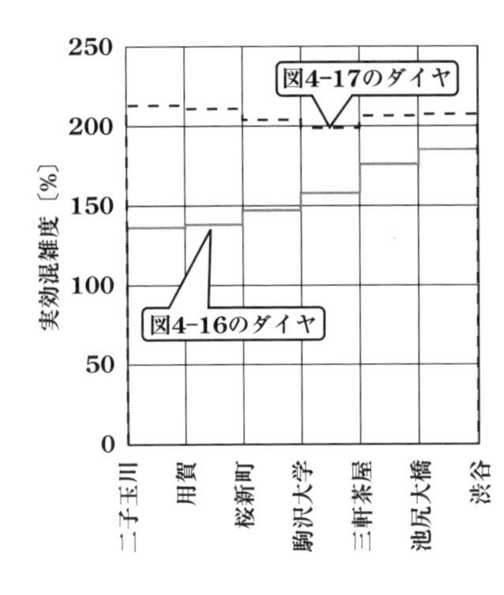

図 4-19　図 4-16・4-17 の両ダイヤについて，実効混雑度の評価結果を比較したもの．図 4-16 が「現状ベース」，図 4-17 が「急行復活」．現状ダイヤに比べ，急行復活ダイヤでは著しい乗客の偏りが起こる結果，実効混雑度が大幅に悪化しています．

一方，急行復活ダイヤでは普通電車の混雑がかなり低くなり，乗客数に偏りが生じることから実効混雑度が大きく上昇します．急行を運行しないことにより，この偏りは是正され，実効混雑度は低下します．

ところで，このような施策は適切だったのでしょうか．評価結果をみると，急行の所要時間短縮効果はかなり大きいので，急行廃止のダイヤ改正当初は相当な不満が出た可能性が高いと予想します（筆者自身が日頃利用する路線ではなかったので詳細は知るすべがありません）．しかし，当時のメディアの論調は必ずしも批判的とはいえません．例えば，日本経済新聞　2007（この記事にはあろうことか筆者自身もコメントを寄せています！）に，中央大学の田口東教授の発言が取り上げられていますが，それによれば同教授はこの施策が「理にかなっている」と評価している，と伝えています．実際，シミュレーション結果からも実効混雑度の改善は明らかですから，そのように評価してもよいのでは，とお考えの向きもあるでしょう．

しかし，ちょっと待っていただきたいと思います．

改善されたとはいえ，実効混雑度の値は許容範囲を明らかに超えています．この路線に必要なことは，抜本的な輸送力増強であるはずです．それがなぜできないのか，といえば，都心側ターミナルである渋谷駅がいわゆる１面２線の設備しかなく，また地下にあるため設備の拡張も困難で，時間当たりでこれ以上の数の列車を受け入れることができないとされているからです．

輸送力増強のために考えられることはいろいろありますが，駅の線路を増やすとか，プラットホームを延伸して列車の編成長を長くするとか，複々線化するとかの「地上設備への投資」が，やはり輸送力増強に効果的です．しかし，いずれもお金（と時間…例えば小田急電鉄は2018年に代々木上原・登戸駅間の複々線化を完了しましたが，これは着工から約30年にわたる大プロジェクトでした！）がかかります．渋谷駅は，すでに多くの地下構造物がひしめくエリアにある地下駅で，拡張は困難と考えられているようです．そうなると，あまり打つ手はないように思われます．そうならば，現在ある輸送力を有効利用するという意味で，このような施策は確かに有益であったと評価してもよいでしょう．

しかし，現状の設備でも輸送力増強の可能性はないのでしょうか？ 実は，渋谷駅を通過する列車の設定ができると，多少なりとも状況が改善する可能性があります．1時間30本という都市鉄道の列車頻度の「限界」は，同じホームに多数の列車が次々に停車・発車を繰り返していくために生じます．通過列車ばかりであれば，列車本数は1時間60本でも十分こなせるはずです．もちろん，全駅通過ではそもそも列車の利用ができなくなってしまいますが，一部の列車は駅を通過させ，残った列車のみ停車させることにすれば，列車頻度を向上する余地が生まれます．こうして頻度向上を進めていくと列車の折返しが困難になってきますが，田園都市線の渋谷駅は終点ではなく，東京メトロ半蔵門線とつながっているので，通過させた列車を「流し込む」先もあるのです．

渋谷駅では池尻大橋駅方面からやってきた乗客の半数程度が降車するので，通過運転というのがやりにくい駅であることは確かです．これだけ「渋谷駅で降りたい」乗客が多いと，仮に渋谷駅通過列車を設定しても乗客が「乗ってくれない」可能性が考えられます．また，渋谷だけでなくほかの駅でも通過列車を多数設定しなければなりません．このため列車ダイヤは複雑になり，にわかには利用の仕方がわからないものになる可能性が大です．しかし筆者は，こうした問題はいずれ，高性能な信号システムの開発と，急速な発展を続ける携帯情報機器の応用により，何らかの解決策が見いだせると考え，研究を続けています（アイディアの中には，通勤列車なのに「予約」を入れて利用する「全席指定通勤鉄道」と

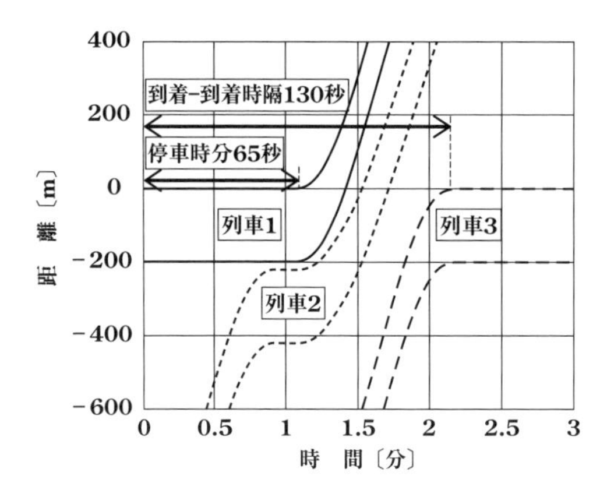

図 4–20　乗降客が極めて多い渋谷駅のような大駅を通過する列車の設定，純移動閉そくおよび同期制御（Takagi 2012）などの最新の技術や提案の導入により可能となることが期待される，超高頻度運行のようすを描いた時隔曲線．停車時分を 65 秒としても，130 秒間隔で到着する２本の停車列車（列車１・列車３）の間に同駅通過の列車２を通すことができます．

いったものまであります！）が，実現には楽観的に見積もっても10年程度の時間はかかりそうです．ただ，小田急線の複々線化が 30 年かかったことを考えれば，10 年程度でそれが実現するなら相当早い，ともいえます．

「純移動閉そく」と呼ばれる最新の高性能な信号システムを前提とし，さらに Takagi 2012 で筆者が提案している「同期制御」も取り入れることにしますと，図 4–20 のような運行が可能になるかもしれません．この図において，停車時間 65 秒の停車列車が 130 秒間隔でこの駅に到着していますが，１本目の直後にこの駅を通過する列車をぎりぎりですが２本目に影響を及ぼさずに設定できました．ちなみに，加減速度は現状より少々高めの 3.6 km/(h･s) とし，列車は駅間では 21 m/s＝75.6 km/h で等速巡航することを基本として計算しました．130 秒当たり２本の列車を運行できるとすれば，現状の約２倍です！　問題があるとすると，列車２が列車１の後ろのトンネル内で一時停止しなければならないことですが，輸送力２倍の魅力はそのような問題点を補って余りあるほど大きいといえましょう．

渋谷駅通過列車の設定に伴う問題としては，ほかにも鉄道事業者が異なるために乗務員交代が必要とされている，といったことを指摘される向きもあるでしょうが，この辺はルールの適切な変更でいかようにでもなると考えられます（阪神・近鉄の相互直通など国内の実例もあります）．ともかく，こうした路線でも輸送力増強が絶対に不可能というわけではないのですから，その実現に向け関係者の奮起を期待したいものです.

ちなみに，田園都市線でこのような可能性があるなら，4-1 節で取り上げた東西線も同様のはずです．こちらには，田園都市線の渋谷駅ほどに降車客が集中する場所はありません（都心の主要駅は茅場町・日本橋・大手町の 3 駅あります．近年は大江戸線への乗換え客がある門前仲町駅がこれに仲間入りしつつあります）．こちらも簡単にはいかないでしょうが，工夫次第で何かできることはあるだろうと思われます.

なお，困難とされていた田園都市線渋谷駅の改良について，東急が可能性を調査するとの報道が最近出てきました（ニュースイッチ 2018）．どのような改良なのか，そもそも可能なのかも含めまだわからないようですが，可能性の一つとして，現状の上りホームの線路を隔てて反対側に降車専用ホームを増設して電車が駅で両側のドアを開くことができるようにする「両側ホーム化」があることも指摘しておきましょう．こうすると，乗降人員の多い駅であっても短い停車時間ですませることができるようになります．図 4-20 では 65 秒の停車時分を仮定しましたが，両側ホーム化できれば 45 秒で十分，となるかもしれません．ともあれ，大規模改良はやはり必要だと思います．それと本節に示したいくつかの輸送力増強アイディアとを組み合わせることで，理想的とまで行かなくとも「よりよい鉄道」に進化させることができる，と考えています.

4-3 京王井の頭線

京王井の頭線は，東京の山手線の主要駅の一つである渋谷と，比較的都心に近いものの，東京 23 区を外れていわゆる三多摩エリアに入る吉祥寺とを結ぶ路線です（図 4-21）．途中，典型的な放射状通勤路線[†3]である小田急小田原線と下北沢駅で，また京王線と明大前駅で，さらに終点の吉祥寺でも JR 中央線と，それぞ

†3 放射状通勤路線とは，都心と郊外とを結ぶ路線のことです．地図で見ると，都心が図の中心にあって，そこからこうした路線が郊外に向かって伸びるように描かれることから，このように呼ばれます.

図 4-21　京王電鉄井の頭線，井の頭公園駅を通過する急行電車．

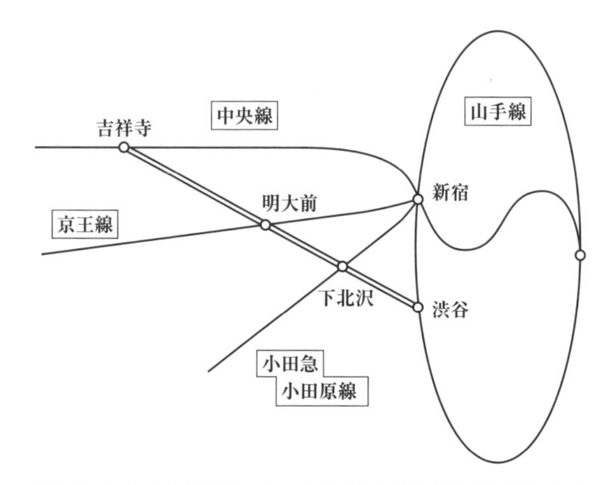

図 4-22　京王電鉄井の頭線およびこの付近の鉄道網の略図．

れ図 4-22 に示すように接続しています．

OD 表のデータをつくってみると，下北沢・明大前および吉祥寺では，この路線はこれら各駅で接続している小田急線・京王線および中央線相互間を結ぶ環状鉄道[†4]としての機能をもっていますが，それに加えて吉祥寺や久我山などの郊外と都心（渋谷）方向を結ぶ放射状路線としての性格も有していることがわかります（断面輸送量の推移を図 4-23 に示します）．また，現在急行電車（停車駅は吉祥寺・久我山・永福町・明大前・下北沢および渋谷）が設定されていますが，久

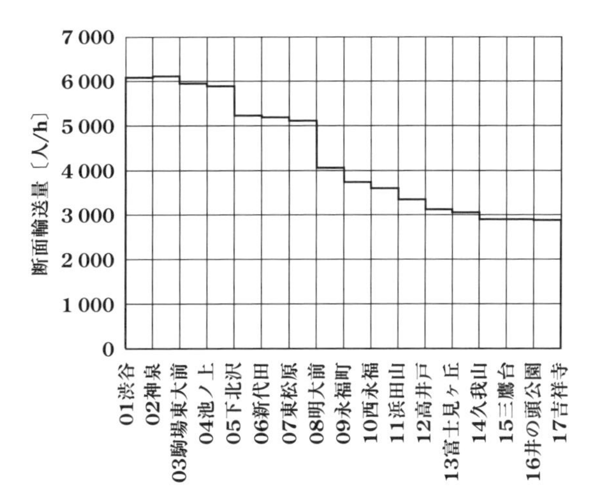

図 4-23　京王電鉄井の頭線の断面輸送量．ちなみにこのデータは，2014 年に昼間時を想定して作成したものですが，今はもう少し増えているかも….

我山および永福町は急行停車駅の中では比較的利用者数が少ない駅であることも読み取れます．永福町を急行停車駅としたのは，この駅が 2 面 4 線の設備を有し急行列車が普通列車を追い越せる唯一の場所であるからですが，この結果ここで望ましくない乗換えが発生していて，評価結果に影響します（急行列車が停車しない高井戸・浜田山などの駅から明大前駅までの利用者であっても，ここで乗り換えて 1 駅だけ急行列車の利用を余儀なくされています）．追越し可能な設備が明大前駅にあればよいのですが，いまからそのような設備を作るのは困難と判断されているものと思います．

図 4-24 に，現状ダイヤをモデル化したものを示します．

では，現状より良い評価が得られるダイヤはどんなものでしょうか？

実は，この路線は学生向けの演習の題材として比較的扱いやすく，これまでも何度かそのような場で取り上げてきました．そうした場での検討例から，面白そ

---

†4　環状鉄道とは，脚注†3 で説明した放射状（通勤）路線相互間を，都心を通らずに結ぶ鉄道です（首都圏の典型例は JR 武蔵野線や東武野田線など）．東京のように強い一極集中が見られる都市では，一般的に放射状通勤路線に比べて整備が遅れがちになります．

列車名[編成名]		急行[E1]		普通[L1]	
周期＝8分		着	発	着	発
渋谷	0.0		11:00:00		11:01:00
神泉	0.5	11:01:00	↓	11:02:00	11:02:20
駒場東大	1.4	11:01:50	↓	11:03:50	11:04:10
池ノ上	2.4	11:02:30	↓	11:05:10	11:05:30
下北沢	3.0	11:03:30	11:04:00	11:06:40	11:07:10
新代田	3.5	11:04:50	↓	11:08:10	11:08:30
東松原	4.0	11:05:10	↓	11:09:30	11:09:50
明大前	4.9	11:06:00	11:06:30	11:11:00	11:11:30
永福町	6.0	11:08:00	11:08:30	11:13:00	11:17:30
西永福	6.7	11:09:20	↓	11:18:50	11:19:10
浜田山	7.5	11:10:00	↓	11:20:20	11:20:40
高井戸	8.7	11:10:40	↓	11:21:40	11:22:00
富士見丘	9.4	11:11:30	↓	11:23:20	11:23:40
久我山	10.2	11:12:30	11:13:00	11:25:00	11:25:30
三鷹台	11.2	11:13:50	↓	11:26:50	11:27:10
井の頭公	12.1	11:14:50	↓	11:28:40	11:29:00
吉祥寺	12.7	11:16:00		11:31:00	

図 4-24　京王井の頭線の現状ダイヤをモデル化したもの.

うなものを二つほどご紹介しようと思います.

現在急行停車駅になっている久我山と，高井戸，浜田山，そして駒場東大前は，おおむね利用者数が同レベルにあります．これらより断然多いのが，他路線との接続がある吉祥寺・明大前・下北沢および渋谷の大駅カルテット（？）．久我山が急行停車駅に選ばれたのは，恐らく次のような「消去法」によったのではないかと想像しています．まず，駒場東大前についていえば，渋谷から近すぎること（しかし周囲に大学などが多数立地しているので，大規模イベントなどの際は急行の臨時停車が現実に行われます）．そして，高井戸・浜田山については，かつて多数の途中折返しの普通列車（渋谷・富士見ヶ丘間）が運転されていたため，その普通列車の運行区間を外れる久我山に比べると急行停車の必要性が低いとみられたこと.

しかし，現在は富士見ヶ丘発着の列車は，特に昼間にはほとんど設定されていませんから，かつてよりこれらの駅への急行停車の必要性が高まっていると考えられます．以上の考察から，急行停車駅に駒場東大前・浜田山および高井戸を追加し，普通列車の永福町での待避をやめる，という「改善策」が考えられます.

列車名[編成名]		準急[E1]		普通[L1]	
周期＝8分		着	発	着	発
渋谷	0.0		11:00:00		11:01:00
神泉	0.5	11:01:00	↓	11:02:00	11:02:20
駒場東大	1.4	11:02:20	11:02:40	11:03:50	11:04:10
池ノ上	2.4	11:03:40	↓	11:05:10	11:05:30
下北沢	3.0	11:04:30	11:05:00	11:06:40	11:07:10
新代田	3.5	11:05:50	↓	11:08:10	11:08:30
東松原	4.0	11:06:10	↓	11:09:30	11:09:50
明大前	4.9	11:07:00	11:07:30	11:11:00	11:11:30
永福町	6.0	11:09:00	11:09:30	11:13:00	11:13:30
西永福	6.7	11:10:30	↓	11:14:50	11:15:10
浜田山	7.5	11:11:40	11:12:00	11:16:20	11:16:40
高井戸	8.7	11:13:00	11:13:20	11:17:40	11:18:00
富士見丘	9.4	11:14:20	↓	11:19:20	11:19:40
久我山	10.2	11:15:30	11:16:00	11:21:00	11:21:30
三鷹台	11.2	11:17:00	↓	11:22:50	11:23:10
井の頭公	12.1	11:18:10	↓	11:24:30	11:24:50
吉祥寺	12.7	11:19:40		11:26:40	

図 4-25　京王井の頭線の急行の停車駅を増やし，永福町での各駅停車追抜きをやめたダイヤ．列車種別名を急行から準急に変更してみました．

このダイヤを図 4-25 に示します．

また，別な年の演習では，急行列車の停車駅のうち下北沢もしくは明大前のいずれかを通過として速達化を図る一方，明大前から吉祥寺まで各駅停車の「準急」を新設，普通列車は渋谷・永福町間の運転とする，という大胆な提案も出てきました．採用はしてもらえなさそうですが，いかにも学生らしい，楽しい発想だと思います．このダイヤを図4-26に示します．ここでは明大前を通過としてみました．

では，これらの三つのダイヤを評価すると，どうなるでしょう？

図 4-27 に，各種不効用やトレインアワー・カーアワーの比較を示しました．乗客当たり総不効用の観点では，乗換えがなかった図 4-25 が最も良い評価を得ています．図4-25では乗換えの必要性が消滅し，乗換えによる不効用がゼロになるため，これが急行の鈍足化で多少損するぶんを補い，多少ですが不効用が削減されます．一方，図 4-26 は，区間運転となった普通列車が走らない永福町・吉祥寺間の列車頻度低下などもあり，乗客一人当たり不効用値は現状とほぼ変わりませ

列車名[編成名]		急行[E1]		準急[E2]		普通[L1]	
周期＝10分		着	発	着	発	着	発
渋谷	0.0		11:00:00		11:01:00		11:04:00
神泉	0.5	11:01:00	↓	11:02:00	↓	11:05:00	11:05:20
駒場東大	1.4	11:01:50	↓	11:03:20	11:03:50	11:06:50	11:07:10
池ノ上	2.4	11:02:30	↓	11:04:30	↓	11:08:10	11:08:30
下北沢	3.0	11:03:30	11:04:00	11:05:30	11:06:00	11:09:40	11:10:10
新代田	3.5	11:04:50	↓	11:06:50	↓	11:11:10	11:11:30
東松原	4.0	11:05:10	↓	11:07:10	↓	11:12:30	11:12:50
明大前	4.9	11:05:50	↓	11:08:00	11:08:30	11:14:00	11:14:30
永福町	6.0	11:07:00	11:07:30	11:10:00	11:10:30	11:16:00	
西永福	6.7	11:08:20	↓	11:11:50	11:12:10		
浜田山	7.5	11:09:00	↓	11:13:20	11:13:40		
高井戸	8.7	11:09:40	↓	11:14:40	11:15:00		
富士見丘	9.4	11:10:30	↓	11:16:20	11:16:40		
久我山	10.2	11:11:30	11:12:00	11:18:00	11:18:30		
三鷹台	11.2	11:12:50	↓	11:19:50	11:20:10		
井の頭公	12.1	11:13:50	↓	11:21:40	11:22:00		
吉祥寺	12.7	11:15:00		11:24:00			

図 4-26　京王井の頭線の急行の停車駅を減らす一方，準急を新設，普通電車は渋谷・永福町間運転としたダイヤ．周期は図 4-24 および図 4-25 と異なり，10 分です．

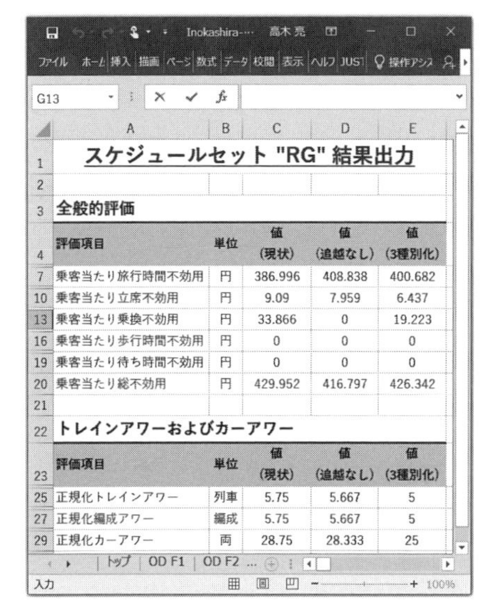

スケジュールセット "RG" 結果出力

全般的評価

評価項目	単位	値（現状）	値（追越なし）	値（3種別化）
乗客当たり旅行時間不効用	円	386.996	408.838	400.682
乗客当たり立席不効用	円	9.09	7.959	6.437
乗客当たり乗換不効用	円	33.866	0	19.223
乗客当たり歩行時間不効用	円	0	0	0
乗客当たり待ち時間不効用	円	0	0	0
乗客当たり総不効用	円	429.952	416.797	426.342

トレインアワーおよびカーアワー

評価項目	単位	値（現状）	値（追越なし）	値（3種別化）
正規化トレインアワー	列車	5.75	5.667	5
正規化編成アワー	編成	5.75	5.667	5
正規化カーアワー	両	28.75	28.333	25

図 4-27　図 4-24～26 の三つのダイヤについて，各種不効用やトレインアワー・カーアワーなどの評価結果を比較したもの．

んでしたが（準急が急行に抜かれないことから乗換え数が減少したことなどに伴い若干低下），永福町での待避がないことに加え，比較的断面輸送量の多い渋谷寄りの列車本数が多くなっており，トレインアワーについては現状より大幅に良い結果になっています．輸送資源の効率的な利用ができた列車ダイヤといえるでしょう．なお，永福町駅で渋谷方面からの列車を折り返させるのは現状の配線では難しいところがありますが，永福町駅の設備を例えば2面3線などに小変更するだけで容易に実現可能と考えられます．

この評価結果から，乗換えの不効用が乗客の「総不効用」に占める割合が大きいことがわかります．このことについては少し考察が必要でしょう．

そもそも，乗換不効用が大きく評価されるのは，2-3-11節で与えた評価用パラメータの与え方がそうなっているからです．乗換えは乗客から非常に嫌われる，というのは洋の東西を問わず一般的な知識として広く共有されています．後で出てくるJR中央線の三鷹駅や中野駅の例のように，快速から各駅停車へ乗り換えるためには階段の上り下りをして別なホームに行かなければならない，などというのは論外ですが，永福町のようにホームの向かい側の電車に乗り換えればよい場合でも，乗換えに関して乗客は強い不安を持っているものです．

ただ，2-3-11節では乗換え1回が乗車時間7分にも相当する評価係数を入力しているわけですが，この乗換係数はもう少し小さくてもよいのかも，と思っています．それに，乗換えの所要時間をきちんと評価することも必要でしょう．特に，階段の上り下りと平面の歩行を区別するといったことは重要そうです（現在の「すうじっく」ではそこは不可能です）．

さらに，乗換えが嫌われる主な理由は，例えば「乗換先の電車に座席があるだろうか」といった種類の不安だと考えられます．173ページで述べた「通勤電車でも座席予約」といったことが本当に実現すれば，その一部は問題ではなくなるでしょう．また，現在でも，乗換え後その電車に30分以上乗車するときは不安な乗換えを回避しようとするけれど，乗り換えた後1駅2分で目的駅に着くようなら「まあいいか」となる乗客が多いのではないでしょうか．こうしたことが考慮できるモデルの導入が，今後の課題と思われます．

このように，評価結果の数字だけを見て一喜一憂するのではなく，場合によっては用いているモデルそのものの是非をも含め問い直す，というのが，こうした評価結果に対する正しい向き合い方なのです.

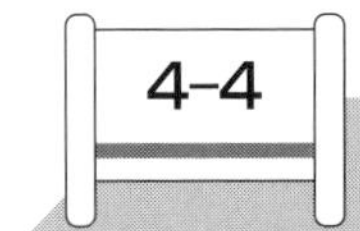

京浜急行線

すでに1-2-3項でも例として取り上げた京浜急行電鉄（京急）は，関東地区にありながらどことなく「関西民鉄風」のにおい（？）のする会社で，走りっぷりの良さなどから人気が高い…とかいうのは，筆者が申し上げるまでもないことでしょうか．複線の鉄道で多数の駅を有し，普通列車から最速達の「快特」までいくつかの種類の列車を混在設定したうえ，それら相互間の接続に加え列車の分割・併合（1編成の列車として走っていたものを途中駅で2編成に分けたり，逆に2編成を途中駅でつなげて1編成とするなどして，列車運行系統の多様化や輸送力の調整を図ること）を積極的に行い，なおかつトップクラスの定時性を維持していることなど，専門家の間でも評価が高い高度な運行が行われています．残念ながら，この鉄道の東京都心側の主要駅である品川駅と横浜駅の間は，複々線のJR東海道線が京急と並行して走っており，この間については京急の「快特」もやや競争上，分が悪いところがあるようですが….

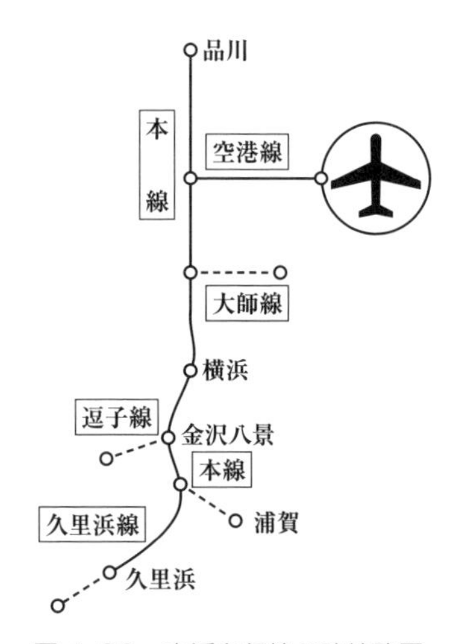

図4-28　京浜急行線の路線略図.

ここでは，「すうじっく」でこういう複雑なのも評価できるよ，という実例として，泉岳寺駅から京急久里浜駅までの区間（泉岳寺～堀ノ内間の正式名称は「本線」，堀ノ内～京急久里浜間は「久里浜線」となっています），および京急蒲田駅から羽田空港国内線ターミナル駅（長い名前！）までを結ぶ空港線を同時にデータに入力したものをご紹介します．あまりにも巨大なので，データをご自分で入力するのではなく，できあがったデータをダウンロードしていただいて，おお，と感心していただいたり（？），これを原型として追加編集して京急全線・全時間帯の列車ダイヤを入力しようとしてみたり，という形でご活用いただければ幸いです．

ポイントは，路線が途中で分岐しているようなもの，列車が上下線いずれにもきちんと走っているようなものも，シミュレーションが可能，というところです．空港線は最近の京急にとっては非常に重要な路線であり，多数の列車が品川・横浜の両方面からこの路線に直通するようになっていて，京急蒲田駅はそのために上下線ホームが高さ方向に重ねられた立体構造の駅に改築されています（図 4-29）から，データに含めました．京急にはこのほか大師線・逗子線という支線がありますし，本線も堀ノ内駅から浦賀駅まで，久里浜線も京急久里浜駅から三崎口駅まで，それぞれ伸びていますが，主要な列車の運行系統は品川から久里浜（～三崎口）までであること，支線に直通する列車は比較的少ないこと，そ

図 4-29　2 層のホームを有する京急蒲田駅．電車が走っている急カーブの線路が空港線．

してあまり長いとデータの入力などが大変なことから，この程度にとどめてあります．

OD 表データもとりあえず入れてありますが，今回のデータは駅数が多く，入力だけでも非常に大変です．また，元データは他のケースと同様「都市交通年報」になりますが，OD 表は「発駅」から「着駅」まで旅行する人が時間当たり何名いるか，というデータを「発駅」・「着駅」の組合せすべてについて用意するものですから，分岐を含むデータであっても最終的には一つの行列の形にまとめなければなりません．しかも今回は上下線列車を同時に評価するデータとしたため，この作成だけで一日仕事だったのを思い出します（当時の卒論生たちの助けを借りることになりました）．

ちなみに，このような場合に OD 表データをどのように作るかですが，基本となる考え方は3–5節にご説明したものと同じです．「都市交通年報」の各駅旅客発着通過状況データには，他路線との接続駅に関しては「当該駅で乗車 or 下車」する乗客，つまりその駅に出現して改札口を通り，そこから鉄道の利用を開始する or その駅で列車を降り，改札口を出て，その後はもう鉄道は利用しない，のいずれかであるような乗客と，「当該駅で他路線から／へ乗り換え」る乗客が区別できる形で記載されていますので，こうした接続駅についてはこのデータを用いて特異的な取扱いをしてやることによって，全体の OD 表を作ることができるようになります．実をいうと，新宿駅のように鉄道事業者が異なる路線どうしの乗換えがある場合，このデータ自体あまり信頼が置けるものではないように思われます[†5]．しかし，今回は同一事業者のデータですから，事業者が異なる場合に比べると信頼性が高いと思われます．

今回のデータに入力されているのは，2017年ころの京浜急行線の昼間時間帯の列車ダイヤをモデルにしたものです．品川から横浜以南に向け，10 分当たり 1 本

†5　例えば，小田急線にだけ有効なきっぷを買って小田急線に乗って新宿に来た乗客が，新宿で小田急の改札を通過後，直ちに JR 線のきっぷを購入し JR に乗ったような場合を考えてみてください．この乗客は，本人の意識においては新宿駅で乗換えをしたと思っているでしょうが，統計上乗換え乗客としてカウントされるかは微妙です．よく新宿駅の利用者は一日 300 万人で世界一といわれますが，実際にはこのように重複して数えられている人が相当な割合にのぼるのではないでしょうか．

の「快特」を走らせ，その間に普通列車や泉岳寺方面から空港に向かう列車を入れ，さらに空港から横浜に向かう列車もそこに混在させています．

こうしたダイヤの実現において鍵となっている場所の一つが京急蒲田駅で，上述のとおり横浜方面行き列車が3階，品川方面行き列車が2階からそれぞれ発着する形になっています．空港線はこの駅の最も東側の線路から分岐していく形になりますが，どちらの階からでも出発できるように工夫されています．空港線は駅の南側で本線から分かれていく形なので，品川からの列車は進行方向を変えずに空港線に進入できますから，一部蒲田駅通過の速達列車も設定されています．これに対して横浜からの列車はこの駅で進行方向を逆にする必要があるので，全列車停車となっています．

また，列車ダイヤを見るとわかりますが，空港と横浜方面とを結ぶ列車はいまのところ「急行」という種別になっていて，停車駅が多く速達性が低くなっています．この辺をどのようにするかは，京急としても課題と考えているのではないかと思いますが，筆者にはぱっと思いつく名案はありません．空港輸送を京急が強化し出したころ，京急は横浜方面からの12両編成の快特列車を川崎で分割し，8両編成を品川へ，4両編成を空港へそれぞれ走らせるようなことをやっていましたが，分割・併合は多用しますと列車ダイヤが乱れたときの対応に困難を生じますし，そうでなくても所要時間の増加を招きますので（京急はこれを本当に手早くやっているのですが，それでも），結局そのような無理はしないことにしたのかも，と思います．このあたりは，分割・併合を助ける技術であるとか，実際に列車を物理的につなげたりすることなく輸送力を高める技術といったものを開発できると，改善がさらに進むということかもしれませんので，今後の展開に期待したいところです．

最後にもう一つ．これは一部ファンには有名な話ですが，普通列車の所要時間の長さにも注目してほしいと思います．品川から横浜までの所要時間についてはすでに1-2-3項で例に取り上げましたが，こちらのデータでも実際に59分かけて走っています．京急の列車ダイヤは，関西地区の民鉄あたりから全国に広まった「緩急結合ダイヤ」と呼ばれるダイヤパターンのものであり，多くの駅を通過する「急行系」列車と全駅に止まる普通列車とが，急行系列車の停車駅で連絡する形で，多数駅設置と速達性という目的を高度に両立しようとした列車ダイヤなのですが，この類型の列車ダイヤでは一般的に普通列車の生産性が低いという問題があります．実際には品川から横浜まで普通列車を乗り通そうという方はあまりいらっしゃらないとはいうものの，平行する京浜東北線の電車でも30分かからないことを考えると59分はいかにも長く，トレインアワー増大によって生産性を下げる要因になっています．

このため，京急では普通列車用に乗降用ドアの数が多い特別な車両を利用し，停車時間の短縮を図る対策をとってきましたが，近年はドアの数が異なるとドア位置が異なる車両が存在することがホームドアの設置に障害となるという理由でこれらの車両を廃止することになってしまいました．緩急結合ダイヤを利用する他社もこの普通列車の低生産性には苦慮していて，例えば阪神電鉄では国内最高の加減速性能を有する「ジェットカー」と呼ばれる車両を普通列車向けに用意することで対策としていますが，問題の解消にはほど遠いように思います．

こうした問題以外にも，緩急結合ダイヤには，ある程度より列車頻度を高めようとすると急行系列車が急行系「らしく」走れなくなるという問題があります（4–1節で取り上げた東京メトロ東西線や，4–2節の東急田園都市線は，その問題が顕在化した例と考えられます）．

このような問題を解決する方策はないのでしょうか．筆者は，研究室レベルの検討の段階ではありますが，解決策はあると思っています．しかも，めざましい解決策なのです！　その検討事例を一つ，次節でご紹介することにしましょう．

4–5　JR東日本中央線：超高頻度ダイヤの評価

4–5–1　現　　状

JR東日本の中央線（図4–30）も，多数ある東京の放射状通勤路線の一つで，多くの乗客に利用されているのはご存知のとおりです．しかし，この路線では平日のお昼前後の時間帯であれば「中央特快」「青梅特快」という種別の列車（ちなみに特快とはかつて走っていた特別快速という種別名を縮めたもの）がおよそ10分に1本程度の頻度で走り，まあまあの速達性が確保されているのですが，朝

図 4-30　JR 中央線．ちなみに左の写真は右の写真に見える「三鷹跨線人道橋」，通称「陸橋」から撮影したもの．太宰治の時代からある地域のランドマークで，日曜日には近所の小さいこどもたちが電車を眺めにやってきます．

ラッシュ時にはこのような列車の設定がなく，基本的に全列車が各駅停車となって「遅い」という印象も強い路線です．平行する私鉄路線（京王線とか西武線とか）に比べると駅数も少ないので，各駅停車でもそう際立って遅いわけではないのですが….

また，この路線は国鉄時代に三鷹までの複々線化が完了しています．国鉄は高度経済成長の時代に「通勤五方面作戦」といって，東京で国鉄が走らせる放射状路線（東海道・中央・東北・常磐・総武）の抜本的輸送力増強策としての線増を大規模に進めましたが，他路線が都心から 50 km 程度の区間の複々線化を完了している（例えば総武線は千葉まで，常磐線は取手まで）のに比べると，中央線は都心（東京駅）から 25 km 弱の三鷹駅で複々線が止まった状態です．JR 東日本はこれまでに三鷹・立川間の高架化は行いましたが，同区間の複々線化については（計画は今でも残っているようですが）実現の可能性はかなり薄そうに見えます．

複々線化された区間が短いことに加え，この複々線の「緩行線側」と「急行線側」の連携が実に悪いことも中央線の特徴でしょう（これは実は JR 東日本の他路線にも共通してみられるのですが….特にひどいのは常磐線で，北千住から松戸までの間の緩行線側のうち北千住・綾瀬間は JR ではなく東京メトロの路線となってしまっているうえ，北千住で緩行線が地下に潜ってしまっているため急行線・緩行線間の乗継ぎが非常にやりにくいなど，いろいろまずいことになっています）．他線と著しく異なるのは，中野・三鷹間は急行線・緩行線とも全駅にホームがあることで，結果として緩行線列車の意義が薄くなるため，平日昼間はこの区間の緩行線列車の本数は大幅に削減されています．同区間の緩行線側には東京メトロ東西線からの電車が乗り入れてくることも状況を悪くしている一因で，特に中野駅の構内配線が複雑で乗継ぎが容易でなく，急行線側で一部駅を通過運転することは難しいと考えられているようです（休日は昔からの伝統で，高円寺・阿佐ヶ谷・西荻窪の各駅は急行線側電車は通過することになっていますが，平日は特快など一部種別以外は停車）．面白いのは，昭和戦前から複々線だった中野・御茶ノ水間では，特に御茶ノ水駅がいわゆる「方向別配線」，つまり同一方向に走る急行線と緩行線の線路が隣り合っている形になっていて，急行線と緩行線の列車相互間の乗り継ぎが容易になっているのに対し，高度成長期にできた中野・三鷹間では「線路別配線」といって，緩行線の上下線路が隣り合い，急行線の上下線路も隣り合う形になっているため，急行線と緩行線の列車相互間の乗り継ぎが階段の上り下りを伴う面倒なものにいわば「退化」してしまっていることです．列車運行に関しても，「方向別配線」では急行線と緩行線の間の転線がどの方向にも比較的容易に行えるのに対し，「線路別配線」では転線をしようとすると反対方向に列車が走行する線路を横断する形になるため容易ではない，という問題があります．

4-5-2　地域分離ダイヤ

この項では，このような路線をどのように改善していくか，ということについて，われわれが以前に行った研究論文（渡辺・高木　2015）の内容をベースにご紹介していくのですが，その前にまず高頻度運行の列車ダイヤパターンとして有名な「地域分離ダイヤ」という考え方についてご説明しておこうと思います．これは，東京のような強い一極集中が見られる都市の放射状通勤路線に特化したダイヤパターンです．

列車ダイヤというのは，当然ですが需要に合う形のものが良いのです．例えば，利用者がたくさんいるという意味で「大きな」駅があったとき，そこを通過する列車の比率が多いようなダイヤは一般的に好ましくないでしょう．また，利用者の数だけでなく，出発駅と目的駅の組合せがどのように分布しているか，というようなことも重要です．例えば，成田空港に駅がありますが，この駅からの利用者の多くは東京駅など都心の駅まで鉄道で行きたいと思っていることでしょう．この駅から東京駅までの間には，千葉駅，船橋駅など利用者の多い駅がいくつかありますが，おそらくは成田空港駅からこうした駅までの利用を考えている人に比べ，東京駅や新宿駅などに行きたい人のほうがはるかに多いはずです．そうなれば，現状の「成田エクスプレス」号がそうであるように，この間の各駅はすべて通過，という列車ダイヤは理にかなっていると申し上げてよいでしょう．

さらに，複数設定されている列車が「均等に」利用されることも重要です．2本の列車があり，1本目は混んでいるが後続の列車は驚くほど空いている，という状況は，残念ながらまれならず見かけるものですが，少なくとも運行計画を行う際はこのようなことはないようにしたいわけです．

こういう目で，現状の中央線の朝ラッシュ時の列車ダイヤを見ると，ほぼすべての列車が，高尾から東京までの全区間を各駅停車で運転する「平行ダイヤ」と呼ばれるダイヤパターンになっています（図4-31）．これは，停車駅数が多くなるため列車が遅くなるという問題点がありますが，各駅間ごとにすべての列車の混雑率を最も均一に近くすることができるという利点もあります．特快などの急行系列車を混在させると乗車率の不均衡が起きるというので，混雑の激しい朝ラッシュ時はこの形態を長年維持しているものと思われますが，列車が遅いので輸送資源（車両など）が多く必要という問題は残ります．朝ラッシュ時は列車密度を可能な限り高めようとしますが，そうするといわゆる緩急結合ダイヤでも列車の速達性を高めるのは難しくなります（現に，八王子・新宿間で中央線と競合する京王線は，朝ラッシュ時に極端な速度低下を起こしています）．

不均衡という点でいうと，現状のダイヤでは路線の起点側（都心側）付近と終点側（郊外側）付近とで列車の混雑率に大きな差異が生じているという点も見逃

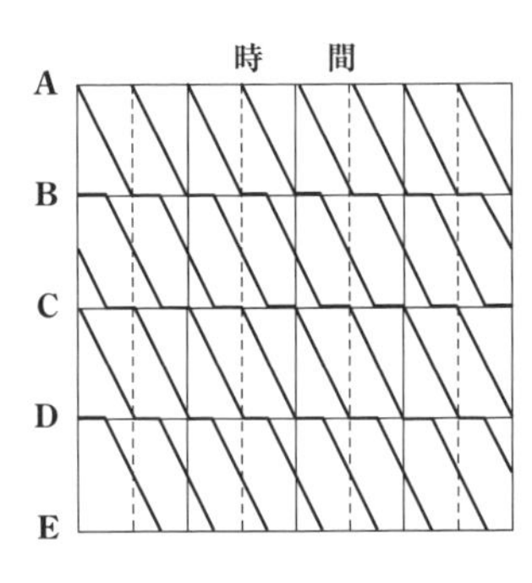

図4-31　各駅停車列車のみの平行ダイヤ．放射状長距離通勤路線には不向きですが，中央線は朝ラッシュ時にこのタイプのダイヤを全面的に用いています．

すべきではないと思います．このような不均衡を是正し，郊外側の「過剰な」輸送力を都心側に移動することができれば，大幅な輸送資源（車両数など）の増加をせずに，混雑を緩和することができます．

地域分離ダイヤは，こうした路線に画期的な輸送力増強と到達時間短縮をもたらすダイヤパターンであることが知られています．

その基本にある考え方は，こうした路線を利用する旅客の特徴，すなわち旅客の多くは郊外側のある駅から都心側までの区間を利用する旅客である，ということを踏まえ，このような旅客にとって便利な列車を設定するというものです．

具体的にはこういうことです．あなたがこうした路線で郊外側の駅から都心側の駅まで通勤したいとします．途中駅には，当然ですが「用はない」．そうなれば，あなたは自分が乗った列車が途中駅をすべて通過するほうがよいと思うのではないでしょうか．もちろん，全員がそういうわがままを言い出すと，大量輸送機関である鉄道は成り立たなくなってしまいますが，郊外側をいくつかの「地域」にまとめ，その地域内の駅にすべて停車した後都心に直行する，というくらいなら，できる可能性があります．そこで，郊外側をこうした地域に分け，それぞれの地域から都心までの専用列車を仕立ててやる考え方を，「地域分離」と呼んでいるのです（図 4-32）．

この方法のメリットはいくつかあります．まず，画期的な所要時間短縮効果が得られること．これは，各地域専用列車が「用のない」途中駅をすべて通過し，都心まで到達することによって実現されます．これだけでなく，画期的な輸送力向上効果も得られます．これは，都心に近づくと，各地域専用列車がいわば「束になって」走るからです．束になって走っている列車は駅に止まりません．すで

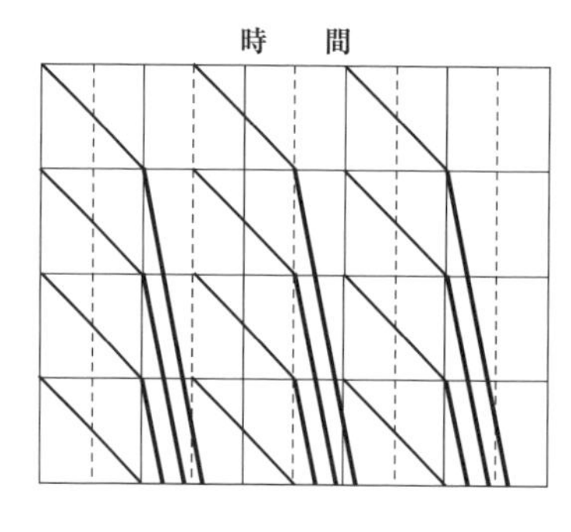

図 4-32　地域分離ダイヤ．この例では沿線を４地域に分割している．

に 4-2 節でも申し上げましたが，駅に止まらない列車なら 1 分おきに走らせることも比較的容易にできてしまいます．

現状の平行ダイヤのようなものだと，郊外側と都心側で混雑率に大きな差が生じるわけですが，各地域専用列車は担当地域と都心の間だけを走りますから，自動的にその辺の調整もでき，需要の多い都心側に多くの輸送力が割り当てられます．さらにいうと，列車ごとの乗車率を均一化することも，「地域をうまく分割する」ことによってある程度達成可能，という特徴があるのです．

さらに，運営者側からみても，列車の所要時間が大きく削減されるため，トレインアワー・カーアワーの増加がほとんどありません．つまり，輸送力増強の割合が大きいのに車両や乗務員をほとんど増やさなくて済むのです．過去に検討を行ったことがある多くの路線では，ほぼ現状と同じ車両数・乗務員数で，4 割程度の輸送力増強が実現する，というような結果が得られています．

地域分離ダイヤとはこのようなものであり，この考え方を放射状通勤路線に適用すると画期的な混雑緩和が可能になることは，研究室レベルでは非常に多くの路線で実証されています．しかし，このような列車ダイヤを全面的に採用した事例はあまり多くないのも事実です．何が問題なのでしょうか？

一つの問題は「束になって都心に向かう」というところにあります．都心駅がこれだけの本数の列車を受け入れることができるか？　4-2 節で取り上げた田園都市線などは，明らかに難しい方の例になります．京王電鉄京王線も新宿駅に 3 番線までしかなく，難しい例になるかもしれません．一方，小田急小田原線は，新宿駅がかなり改良された駅で，地上・地下あわせて 5 本の着発線があるため，この点はあまり問題になりません．

もう一つの問題は，残念ながら全員が郊外から都心に向かうわけではない，ということです．中央線の例でも，立川など遠くからの旅客が吉祥寺で多数降車し，井の頭線を利用する，といったことがあるでしょう．小田急線では代々木上原駅で接着する千代田線との関係が問題になります．このほか，多数の乗車がある駅が問題になることもあります（例えば小田急の登戸駅）．これらの大きな駅の処理は，地域分離ダイヤの考え方を適用するうえでの障害になります．大きな駅のほかにも，小さな駅相互間の利用が不便になる問題も明らかで，かつ見逃すことはできません．

このような問題はありますが，部分的にであれば地域分離の考え方が取り入れられているように見えるところもあります．東武鉄道の東上線[†6]では，池袋駅から成増駅までの間，全駅停車の普通列車と全駅通過の急行・準急列車が混在して走っていますが，これなどは成増駅を境に2地域に分けているとみることができます．また，東北新幹線では列車の愛称が行き先別になっていますが（おおむね東京に近い方から「なすの」「やまびこ」「はやぶさ」となっているようにみえます），これも一種の地域分離とみることができると思います．

4-5-3　中央線への地域分離ダイヤの適用

では，渡辺・高木　2015ではどのようにこの考え方を中央線に適用しているのでしょうか？

ところで，まずお断りしておくと，今回ご紹介する論文それ自体にはどこにも「中央線」とは書いていなかったりします！　この種の論文を書く場合に，断りもなしに具体的な名称は出さないものなのです．名称を入れてしまうと，「地域分離ダイヤ」という考え方が先にあってそれを個別の具体的な路線に適用した，という学術論文らしいスタイルではなく，特定の問題に対する答えを導き出した，という事業者スタイルの論文とみられてしまう可能性もあります．ちなみに，論文のもととなった研究では，必要なデータはすべて公開されているものを用いたり，自分で列車に乗車して現地を観察して得たり，といったことをしたうえで，論文には「本研究では，郊外と都心を結び複々線を含む実在路線に多少変更を加え，モデルとして利用した」と書きました．となると「どこを変更したの？」というのが気になりますが，それは後ほど．

中央線の朝ラッシュ時の現状は，新宿駅の手前が最混雑区間となり，ここの混雑率が最新のデータで184％となっています．この混雑率は急行線のデータで，

†6　正式には東武鉄道「東上本線」といいます．複数の路線をまとめて「○○線」と称し，そのうち最も主要な路線を特に「○○本線」と呼ぶ，というのが国鉄のやり方でしたが，東武鉄道の場合東京の西北側にある「東上本線」（池袋・寄居間）・越生線（坂戸・越生間）などの路線が東京の東側を走る伊勢崎線（浅草・伊勢崎間）・日光線（東武動物公園・東武日光間）などの路線とつながっていなかったため，東側の路線群を「本線」，西側のを「東上線」と呼び，東上線のメインが「東上本線」という呼び方を現在も踏襲しています．

緩行線はこれより大幅に低く，100％を割っています．そこで，急行線のこの区間については現状を大幅に上回る本数が走るようにしたくなります．幸い，新宿駅は特急用も含めると急行線側について上下線合計で6本もの着発線が使えますので，このような大幅な列車本数増にも対応できる可能性が高いのです．一方，その本数をそのまま現状の中央線の始発駅である東京駅に流し込むことは困難ですが，先ほど申し上げたように昭和戦前の完成である御茶ノ水駅で緩行線への流し込みが容易であるため，一部の急行線列車を総武線方向に走らせることを考えることができます．論文では，新宿の手前の断面での急行線の列車頻度を，現状の29本/hから50本/hに大幅増加させた列車ダイヤを評価しています．

できあがった列車ダイヤは図4-33に示すようなものです．基本的な考え方は地域分離ですけれど，三鷹までの複々線，東西線・青梅線乗り入れなど，路線特有の事情を反映させており，なおかつ途中駅相互間のサービスもすべてなくならないよう配慮してありますので，かなり複雑なものになっていることがわかるでしょう．

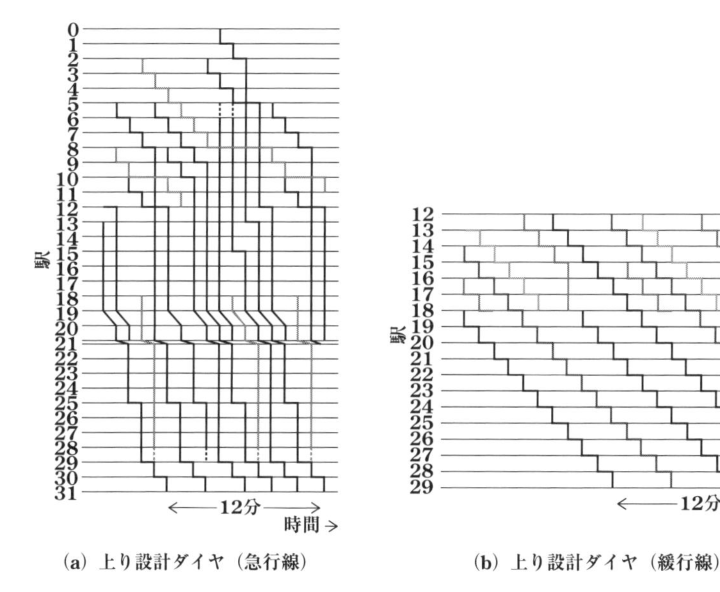

図4-33 地域分離ダイヤパターンをベースに設計した中央線向け提案ダイヤの一つ．

現状の中央線から比較的大きく条件を変更したところとしては，三鷹・中野両駅でも緩行線・急行線間の移行が容易になるような改良を前提にしたということが挙げられます．これを両方実現しますと，三鷹以遠の郊外側からやってきて，吉祥寺や荻窪などで別な都心方向の路線（それぞれ井の頭線，丸ノ内線）に乗り換える乗客が，地域分離に伴う不便を過剰に受けずに済むような列車を，他列車の速達性などを阻害せず設定することができるようになります．

これを評価した結果も論文に当然記載されていますのでご覧いただきたいと思いますが，大幅な輸送力増強が実現した結果，都心付近では混雑が緩和されています（図 4-34）．当然のことながら，乗客から見た不効用の値も大きく下がっています．そして，これはわれわれ自身予想していなかったことなのですが，所要車両数を表すトレインアワー・カーアワーなどについても現状を大幅に下回っているのです．従来ダイヤは「正規化トレインアワー」45 本だったものが，提案ダイヤでは38本となっていますから，車両15％減！　速度向上の効果はかくも大き

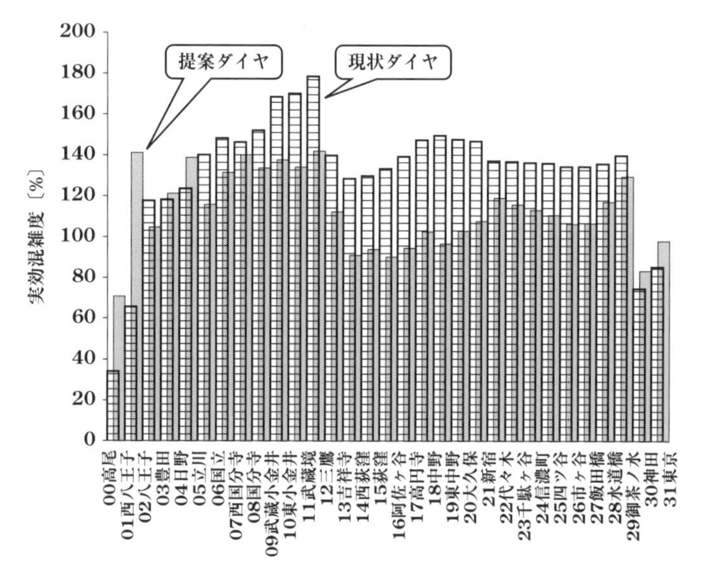

図 4-34　中央線の現状ダイヤと図 4-33 の提案ダイヤの実効混雑度の比較．大幅な輸送力増強に伴い，都心付近の実効混雑度は大幅に低下しています．ただし，八王子以遠で混雑度が悪化している場所もあります．

いということです．さらに，本書の扱う範囲を超えますが，別なシミュレーションを同時に行った結果，消費エネルギーも大きく減っていることが示されています．これは，駅を通過することで列車が加減速を行う回数が減ったことによるものです．自動車の燃費が，街中でゴー・ストップが多い状況での運転に比べ高速道路上で良くなるのと似た理屈です．

この列車ダイヤはかなり実現性が高いものだと思っていますが，問題があるとしますと，やはり三鷹・中野の改良が大きな壁になりそうです．このほか，総武線に乗り入れさせた電車をその後どうするかも若干問題で，特に現在JR東日本が中央線快速電車にグリーン車を導入し，現状10両の電車を12両にする計画を持っているようなので，それが実現すると総武線への乗入れというのはかなりやりにくくなることが考えられます．三鷹・中野の改良はかなり規模の大きな投資になるでしょうが（それでもこれが実現するなら安いと思います），総武線側にも投資の対象を広げ，三鷹・中野両駅で行ったのと同様の改良を錦糸町駅で行うとか，接続駅として現在も重要な秋葉原駅の大改良を行うことなど，いくつかの対応策を追加で行う必要があるかもしれません．

［参考文献］

・Takagi 2012: “Synchronisation control of trains on the railway track controlled by the moving block signalling system”, IET Electr. Syst. Transp., 2, 3, pp. 130–138.

・渡辺賢央，高木　亮，2015：「高頻度運転における通過列車主体ダイヤの饋電特性への影響」，電学論D，135，10，pp. 1009–1016.

・日本経済新聞 2007.7.29.：「通勤客の乗降，数値で解析――「急行重視」やめ，混雑緩和を探る」

・ニュースイッチ（日刊工業新聞）2018. 10. 11.：「東急「田園都市線」の混雑を抜本緩和へ…渋谷駅を拡幅か　東急電鉄，事業化の可能性を調査」．https://newswitch.jp/p/14756（2019年8月25日アクセス）

おわりに

本を書くというのはなかなか大きな仕事です．筆者にとってもこれだけ長い文章を書くのはおそらく1995年提出の博士論文以来のことです．ですから，多くの書き手が「あとがき」に，関係者への謝意表明（本というのは一人の力のみによって生み出されることはほぼあり得ませんから！）とともに，自身の達成感がそこかしこににじみ出た文章を書く，というのは，自然なことだと思います．しかし，今回の場合…どうもそういう気になりません．

この本は，ほぼ「すうじっく」フロントエンドの開発それ自体と並行して執筆が行われました．したがって，これを書いている現時点でも，その多くの部分が今後も「作り込み」を必要としている状態です．例えば，2章の最後にある図2-110は…いかにも飾りっ気がなく，いかにも改良が必要そうですよね！ なので，みなさんがフロントエンドツールをダウンロードして実行する時点では，これがもっときれいなものに改良されているよう，努力いたします．

こんなふうで，この本が世に出た後，筆者には「すうじっく」および同フロントエンドの両プログラムの，エンドレスな改良の作業が待っていることを覚悟しています．実をいうと，鉄道研究にかかわってきた30年近くの間，筆者はずっとシミュレーションプログラムを自分で作り，実行し，結果を得る，という仕事を繰り返してきました．若いころは，そういうサイクルにいつか終わりが来るんじゃないかと夢想していたこともありますが，いまはこれに終わりがないことを自覚しつつあります．それでもこういう仕事の仕方をやめないあたり，自分はシミュレーションが好きなんだな，と思います．

＊＊＊

この本は，筆者がまず文章を執筆し，その後監修者の曽根悟先生，富井規雄先生にコメントをいただいて修正する形で仕上げました．短期間で非常に有益なコメントをいただいた両先生に篤く御礼申し上げます．特に，この本の主要な内容は結局のところ曽根先生が40年くらい前に生み出したものであるといえますから，この本を書く機会をいただけたことは，齢50を越えていまだ「曽根の弟子」といわれ続ける筆者（これはこれで問題ですけれど…）として，この上ない喜びです．

株式会社オーム社の矢野友規さん，可香史織さんには，執筆の一方的な遅れにずっとお付き合いいただきました．感謝とともに，申し訳ない思いでいっぱいです．

また，1章コラムに宇部興産専用道路（宇部美祢高速道路）のお写真をご提供いただいた，宇部興産株式会社に感謝申し上げます．

ともあれ，多くの方々のお力添えにより，いろいろな観点から「役に立つ」本に仕上がった，と自信をもっております．自動運転の自動車など新たなものの登場で大きく変貌を遂げそうな21世紀後半の交通分野において，鉄道がこれまで以上の大発展を遂げるきっかけの，本当に小さないくつかにでもこの本がなるなら，それは筆者望外の喜びです．

2019年9月2日，東西線早稲田駅走行中の電車内にて（！）

著者しるす

索　引

★タ　行★

★ナ行・ハ行★

★マ行・ヤ行★

★ラ行・ワ行★

★英字・数字★

〈監修者略歴〉
曽根　悟（そね　さとる）
1967年，東京大学大学院工学系研究科電気工学専攻博士課程修了．工学博士．
1967～2000年，東京大学工学部電子工学科講師．同大学助教授，教授を経て，2000～2007年，工学院大学電気工学科教授．2007年より工学院大学客員教授，特任教授，現在に至る．東京大学名誉教授．叙勲 瑞寶中綬章（2018年）．
著書：「新しい鉄道システム：交通問題解決への新技術」（オーム社），「モータの事典」（朝倉書店），「新幹線50年の技術史　高速鉄道の歩みと未来」（講談社）ほか．

富井　規雄（とみい　のりを）
1978年，京都大学大学院工学研究科情報工学専攻修士課程修了．博士（情報学）．
1978年より日本国有鉄道運転局列車課，東京システム開発工事局などで勤務．1987年より（財）鉄道総合技術研究所運転システム研究室長，輸送情報技術研究部長などを歴任．2007～2019年，千葉工業大学情報科学部情報工学科教授．2019年より日本大学総合科学研究所教授，鉄道工学リサーチ・センター副センター長，現在に至る．
著書：「鉄道ダイヤ回復の技術」「鉄道ダイヤのつくりかた」（オーム社），「列車ダイヤのひみつ」（成山堂書店）ほか．

〈著者略歴〉
高木　亮（たかぎ　りょう）
1995年，東京大学大学院工学系研究科電気工学専攻博士課程修了，博士（工学）．
1995～1998年，東京大学大学院工学系研究科電気工学専攻交通システム工学（JR東海）寄付講座助手，1998～2001年，東京電力株式会社電力技術研究所主任．2001～2006年，University of BirminghamにてResearch Fellow（School of Engineering（Electronic, Electrical & Computer Engineering））を務める．2006～2017年，工学院大学工学部電気システム工学科准教授，2017年より工学院大学工学部電気電子工学科教授，現在に至る．
著書：「鉄道と地域発展」（勁草書房），「基本からわかる　パワーエレクトロニクス講義ノート」（オーム社），「鉄道技術ポケットブック」（オーム社）ほか．

鉄道ダイヤがつくれる本

2019年 9月25日　　第1版第1刷発行

監修者　曽根　悟・富井　規雄
著　者　高木　亮
発行者　村上和夫
発行所　株式会社オーム社
　　　　郵便番号　101-8460
　　　　東京都千代田区神田錦町3-1
　　　　電話　03(3233)0641(代表)
　　　　URL　https://www.ohmsha.co.jp/

印刷・製本　美研プリンティング
ISBN978-4-274-50710-6　Printed in Japan